Seasonal Camping

四季露营

佟小鹤 * 编著

中国轻工业出版社

图书在版编目（CIP）数据

四季露营 / 佟小鹤编著. —北京：中国轻工业出版社，2024.4

ISBN 978-7-5184-4298-0

Ⅰ.①四… Ⅱ.①佟… Ⅲ.①食谱 Ⅳ.①TS972.12

中国国家版本馆CIP数据核字（2024）第034260号

责任编辑：张 弘　　责任终审：高惠京

文字编辑：谢 兢　　责任校对：朱 慧 朱燕春　　封面设计：董 雪

策划编辑：谢 兢　　版式设计：锋尚设计　　责任监印：张 可

出版发行：中国轻工业出版社（北京鲁谷东街5号，邮编：100040）

印　　刷：北京博海升彩色印刷有限公司

经　　销：各地新华书店

版　　次：2024年4月第1版第1次印刷

开　　本：710×1000 1/16 印张：11

字　　数：200千字

书　　号：ISBN 978-7-5184-4298-0 定价：59.80元

邮购电话：010-85119873

发行电话：010-85119832 010-85119912

网　　址：http://www.chlip.com.cn

Email：club@chlip.com.cn

如发现图书残缺请与我社邮购联系调换

221547S1X101ZBW

前言 / Preface

近几年，越来越多的朋友喜欢上了露营，露营可以走出去接触大自然，是一种休闲的生活方式，每个人都能在露营中找到属于自己的放空方式。继《露营美食》后，我也在考虑如何从其他角度更好地诠释露营，于是就产生了记录一年四季露营的想法。根据不同季节，搭配不同的露营装备，以美食作为切入点，展示季节的特点，在露营中感受不一样的大自然！

本书详细记录了80道露营美食，这些美食中，有的是用应季食材来制作，有的选择了适合不同季节的烹饪方法，并运用各种工具来制作“春、夏、秋、冬”的露营美食。

除此之外，本书还根据不同季节的特点，介绍了相匹配的露营装备、适用的范围以及搭配方式，希望喜欢露营的伙伴可以从中得到借鉴，在大自然中找到真实的自己。

Sunset-Sunrise

目录 / Contents

Chapter 1 露营系统介绍

Chapter 2

春暖花开去露营

Chapter 3

夏日炎炎去露营

Chapter 4

秋高气爽去露营

Chapter 5

冬日暖阳去露营

一起去露营吧!

Chapter

1

露营系统介绍

金字塔帐篷

非常经典的帐篷类型，一根主杆就可以支撑起帐篷。多以棉布材质为主，属于四季帐篷，尤其适合冬季露营使用，抗风保暖性能很好，配有烟囱口，可以烧柴火炉取暖。

充气帐篷

此类帐篷比较容易搭建，只需对气柱进行充气就能完成基础搭建，适合新手露营时使用。多以棉布材质为主，重量较重，适合春季、秋季、冬季露营使用。

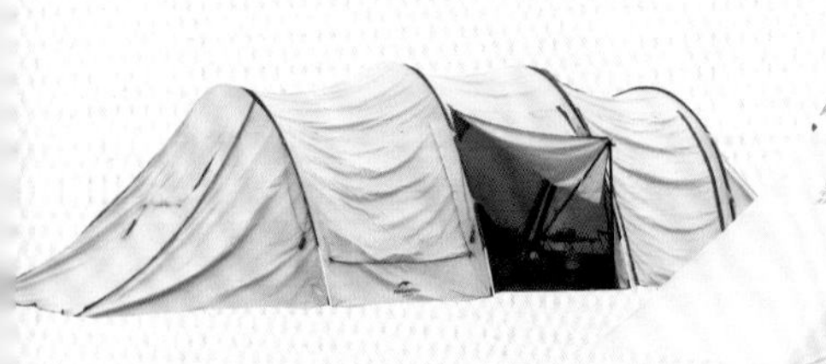

隧道帐篷

空间比较大，一室一厅的设计使活动空间有保证。多以牛津布和尼龙材质为主，需要一定的搭建技巧，适合春季、夏季、秋季露营使用，如果配上雪裙也可以冬季使用。

球形帐篷

形状为球形，头部空间很充裕，需要多根撑杆来搭建，需要具备一定的搭建经验。多为尼龙或牛津布材质，重量较轻，适合多人露营时使用。

快开帐篷

容易搭建，但内部空间较小，轻度露营或者不过夜露营时使用较多，也适合公园露营。

天幕

有不同的材质和形状，可以遮阳光，需要具备一定的搭建经验。

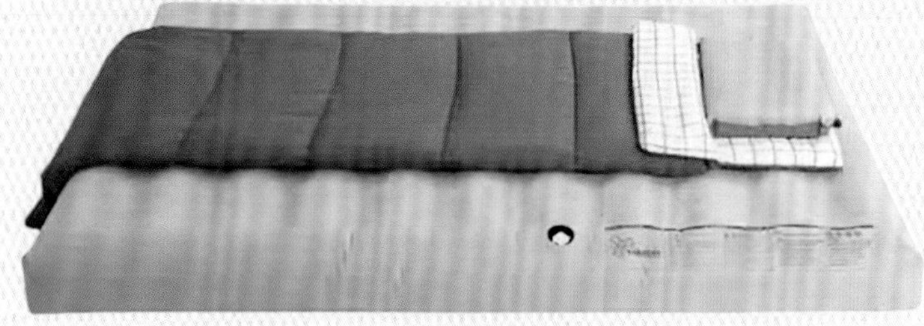

充气垫

床垫

可以分为自充气奶酪垫和充气垫，也有把两者合起来用的，睡觉的感觉会更好，精致露营使用较多。

自充气奶酪垫

行军床

牛津布和撑杆为主要部件，离地间隙高，支撑力好，使用场景广泛，搭配一些保暖装备，四季都适合使用。

睡袋

可以分为人造棉睡袋和羽绒睡袋，人造棉睡袋收纳体积较大，可以水洗，保暖效果一般，价格便宜；羽绒睡袋又分为鸭绒和鹅绒，收纳体积小，保暖效果好，价格更贵。

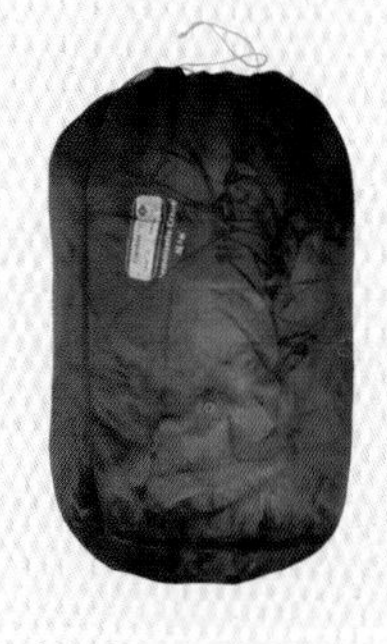

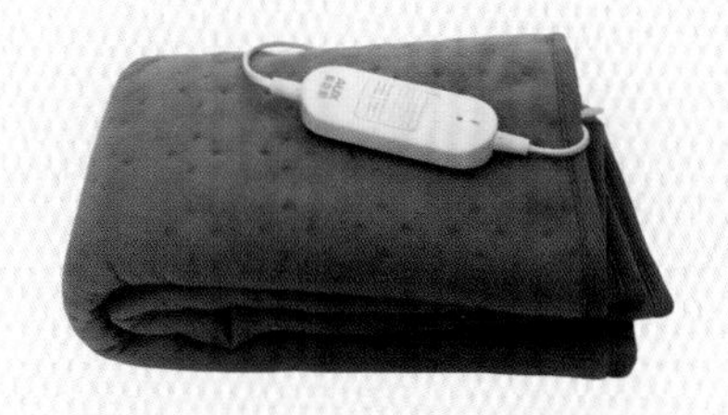

电褥子

户外使用的电褥子大多电压较低，跟户外电源相匹配，能够在冬季提供舒适的睡眠体验。

毯子

常见的有羊毛、棉布等不同材质，不仅可以作为睡觉时的保暖用品，也可以当作披肩进行日常保暖。

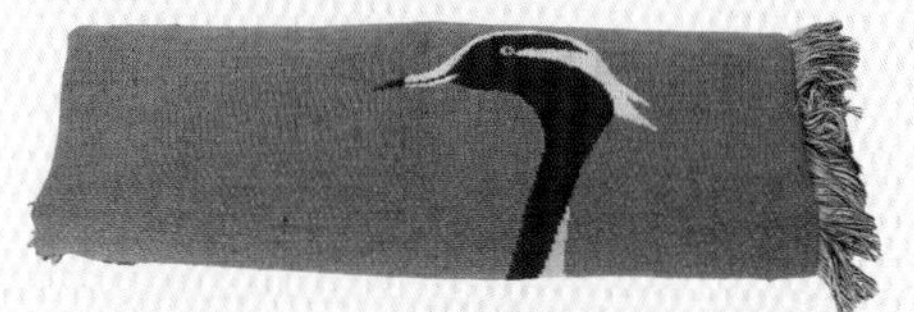

纯棉毯子

羊毛毯子

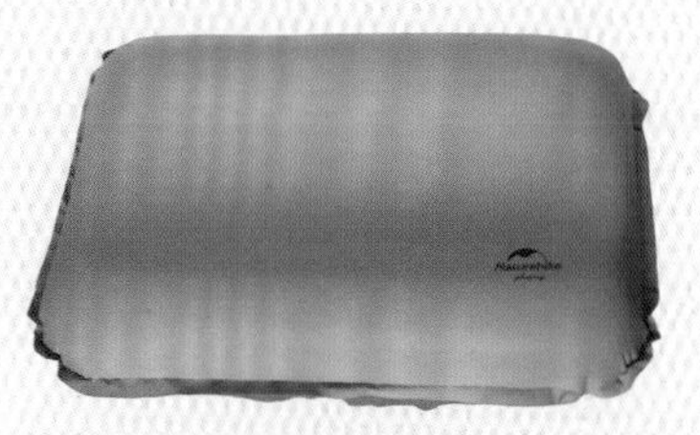

充气奶酪枕头

充气羽绒枕头

枕头

常见的有充气奶酪枕头和充气羽绒枕头，睡觉时的感觉不同，可以根据喜好自行挑选。

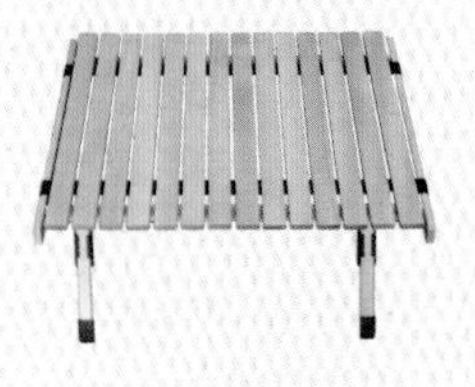
实木蛋卷桌

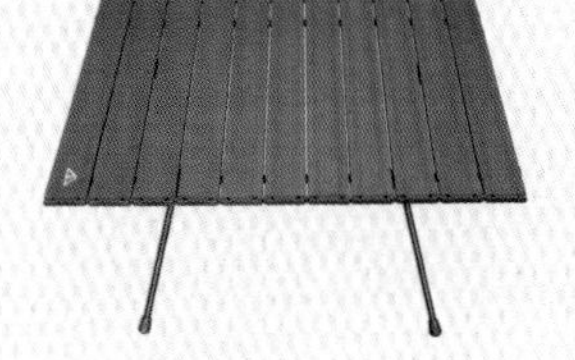
铝制蛋卷桌

轻量化碳纤维桌

组合桌

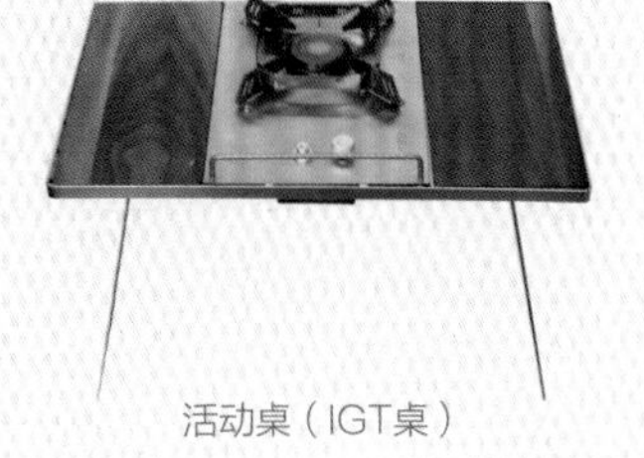
活动桌（IGT桌）

桌子

有多种材质、形状、大小和功能可选，常见的有实木蛋卷桌、铝制蛋卷桌、组合桌、活动桌（IGT桌）和轻量化碳纤维桌，根据人数和使用场景选择合适的即可。

椅子

常见的有克米特椅、蝴蝶椅、月亮椅、X型折叠椅等，材质有木质和金属，在重量和体积上有一定区别。

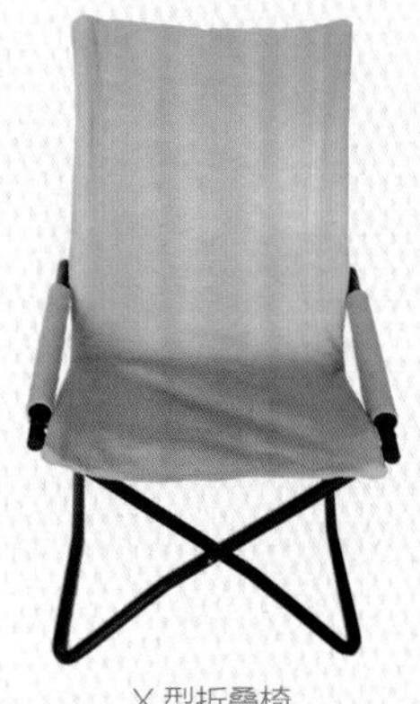
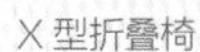
X 型折叠椅

蝴蝶椅

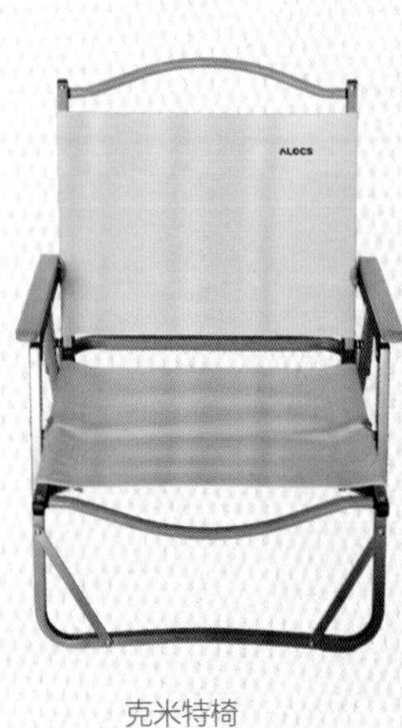

克米特椅

月亮椅

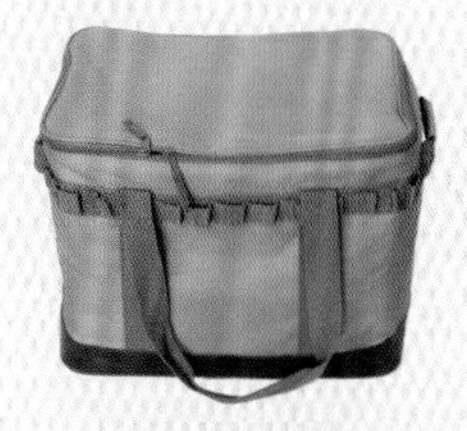

收纳袋（硬质）

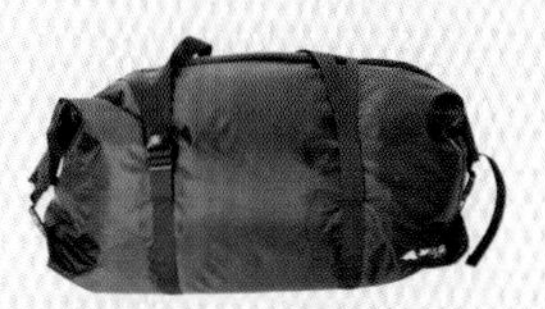

收纳袋（软质）

收纳袋

可以对露营装备进行收纳，有软质和硬质之分，软质适合装睡眠装备，硬质适合装零散的装备。

收纳箱

适合收纳一些易碎或者怕挤压的装备，能起到一定的保护作用。

露营车

能够轻松地把装备运送到营位。

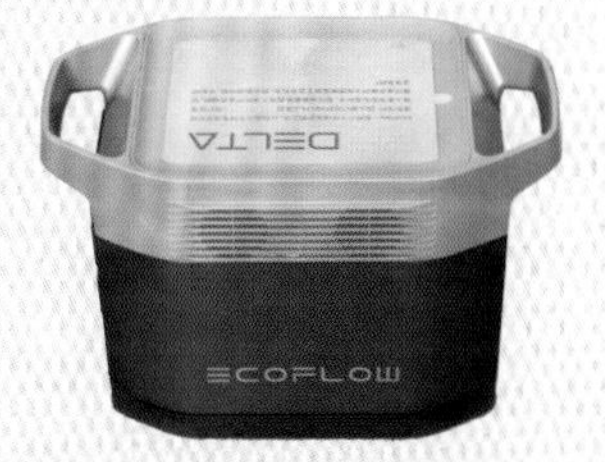

移动电源

给露营提供电力支持，小电源可以满足手机等电子设备的充电使用，大电源（建议1度以上）可以供取暖电器或者厨房电器使用。

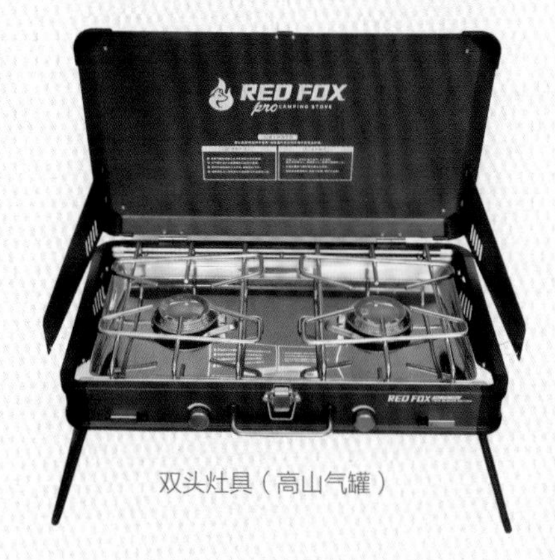

双头灶具（高山气罐）

双头灶具

一个灶具上有两个炉头，可以分别进行加热操作，适合多人同时使用。燃料供应有高山气罐和长气罐，高山气罐更适合秋冬季节温度较低时使用。

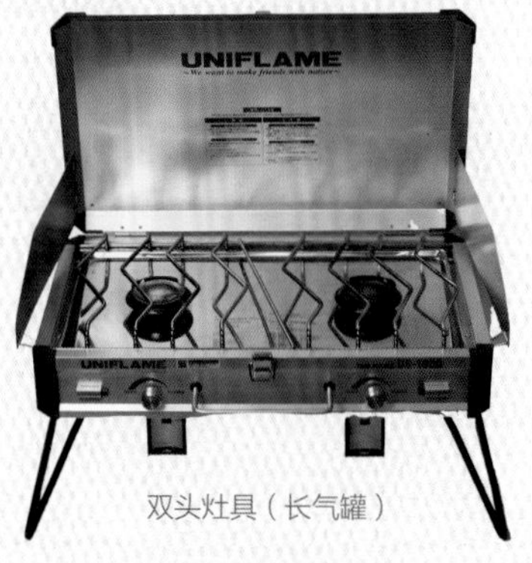

双头灶具（长气罐）

单头灶具 solo 便携灶具

单头灶具（高山气罐）

单头灶具（长气罐）

单头灶具

一个炉头的设计，方便收纳和携带。燃料有高山气罐和长气罐可选，单人露营（solo）时，单头灶具可以直接集成在高山气罐上使用，通常为徒步露营时使用。

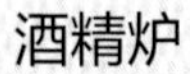

酒精炉

适合单人或者徒步露营，普通露营中常作为备用炉具。

铝制不粘涂层烤盘

纯铁烤盘

铸铁烤盘

烤盘

根据材质不同可以分为纯铁、铸铁带涂层、铝制不粘涂层，可以针对不同的美食和运用场景来选择不同材质的烤盘。

铸铁炒锅　　精铁炒锅

炒锅

根据材质可分为铸铁、精铁、硬质氧化铝，或者不粘锅。制作肉类可以选择铸铁锅，制作淀粉类或者蔬菜类可以选择硬质氧化铝锅和不粘锅。

硬质氧化铝炒锅

便携不粘锅

荷兰锅

有喜锅

羽釜锅

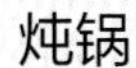

炖锅

常见的炖锅有荷兰锅、硬质氧化铝炖锅、有喜锅、聚能锅、羽釜锅等，可以进行炖煮操作，根据不同的人数和使用场景选择不同容量。

硬质氧化铝炖锅

聚能锅

户外套锅

一套分为炒锅、炖锅、水壶，适用多种场景，材质多为硬质氧化铝。

烧水壶

多为烧水用，材质有铝制、不锈钢、硬质氧化铝等，适配瓦斯炉和柴火炉。

不锈钢烧水壶

硬质氧化铝烧水壶

铝制烧水壶

餐具

通常为不锈钢、搪瓷、木质或者可再生材质，也有适合一个人的雪拉碗餐具，不同材料的导热性和耐腐蚀性不同，根据烹饪需要自行选择。

不锈钢餐具

搪瓷餐具

可再生餐具

雪拉碗

木质餐具

调料

户外料理尽量少使用调料，只需简单几种调料，就可还原食物本身的味道，比如盐、黑胡椒碎、油和生抽。

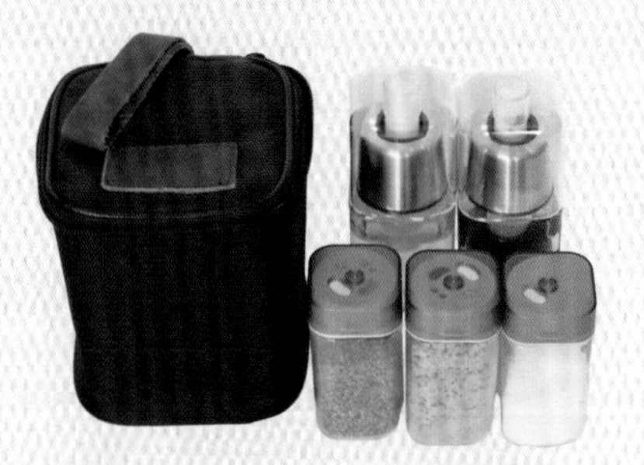

折叠烧烤炉

可以组装在活动桌（IGT桌）的桌面上使用，也可以单独使用。折叠起来占用空间少，便于携带，使用简单。

饭盒

饭盒作为露营中必不可少的装备，是一款万能的厨房工具，可以进行煎、煮、焖、炸、烟熏等操作，常见的材质有铝制和不粘涂层。

不粘涂层饭盒

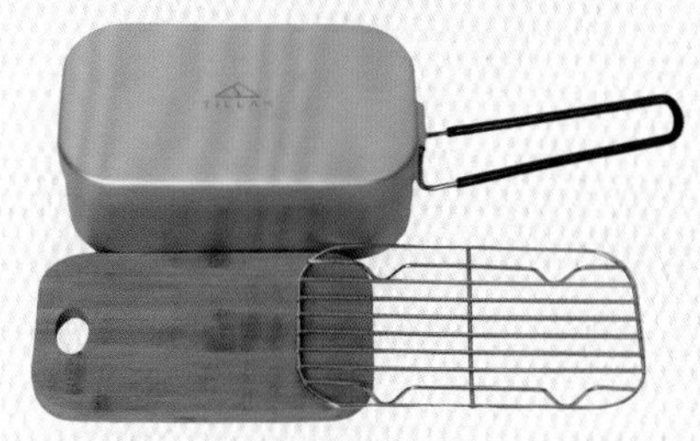

铝制饭盒

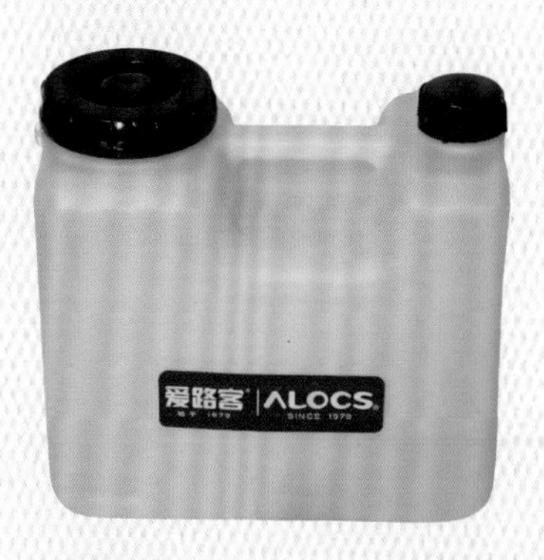

水桶

为露营提供水源，兼具清洗功能。

户外冰箱

长时间露营时可以保护食材不变质。

保温箱

金属保温冰桶

保温冰桶

保温水壶

保温装备

夏季可以保持食材的新鲜度，冬季可以保持食材的温度，有容量大的保温箱和保温冰桶，也有便携的保温水壶可选。

锡纸盒和锡纸

烹饪时可以作为料理容器，也可以在加热烧烤时包裹住食材，防止烤煳。使用方便，可以直接明火加热。

木质菜板

塑料菜板

菜板

多为木质、塑料材质，建议切生、熟食材时分开使用。

刀具

露营用的刀具可分为碳钢和不锈钢材质，收纳便捷，容易操作，注意切生、熟食材的刀具要分开。

户外茶具套装

多为金属材质，配有收纳袋，防止碰撞，为爱茶人士所青睐。

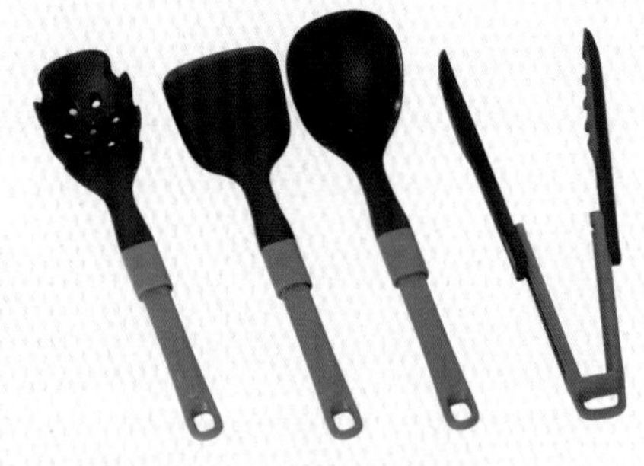

厨具

包括锅铲、沥水勺、夹子和汤勺等，多以耐高温材质为主。

户外咖啡套装

分为过滤杯、分享杯和咖啡杯，材质有金属、玻璃、瓷等，配有收纳袋。

照明

高山气罐灯

大功率电灯

主灯

一般功率较大，提供整个营位的大范围照明，可以是大功率电灯或者气罐灯。

帐篷灯

多为暖光，一般放在帐篷里面进行照明。推荐使用电灯，安全系数高。

桌面照明

放在桌面或者其他地方进行小范围照明。

多功能灯

可以应付多种照明需求，比如局部和整体照明、桌面照明、充电等。

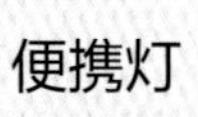

便携灯

多为电灯，适合多种使用场景，比如单人露营、营地行走照明、局部照明等。

煤油灯

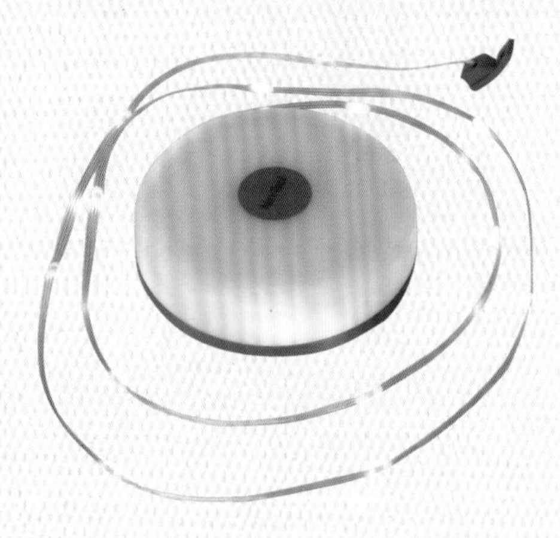

串灯

氛围灯

多以串灯和煤油灯为主，为营地制造氛围。

柴火炉

柴火炉

一般烧柴或者颗粒燃料，使用时需要具备一定的露营技巧。

焚火台

可以烧柴或者烧炭来进行取暖和为烹饪提供火源。

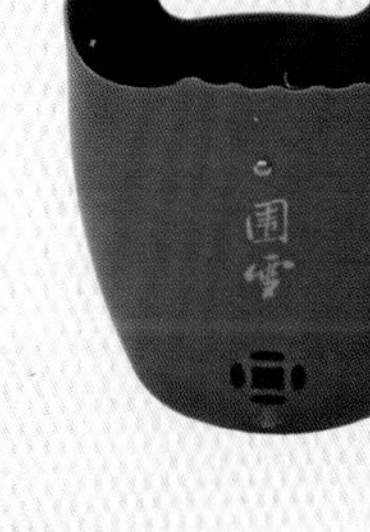

取暖炉

烧煤油进行取暖，使用方便，有不同的取暖功率可选。

爱路客围雪炉

造型复古，可以烧柴，也可以烧酒精，或者搭配瓦斯气罐炉头使用，适合多种场景，上面放上烤网即可实现围炉煮茶功能。

快看！小草一点点冒出地面啦。

Chapter

2

春暖花开去露营

适合春季的露营装备

大功率电灯
移动电源
铝制蛋卷桌
收纳袋
睡袋
月亮椅
搪瓷餐具
蝴蝶椅
煤油取暖炉
双头灶具
RED FOX
饭盒
酒精炉
户外套锅

帐篷：充气帐篷

起居：行军床，睡袋，羊毛毯

客厅：铝制蛋卷桌，蝴蝶椅，月亮椅，移动电源，收纳袋

厨房：双头灶具，酒精炉，饭盒，搪瓷餐具，户外套锅

照明：帐篷灯，大功率电灯

取暖：煤油取暖炉

腌笃鲜

材料

春笋 4根
云南火腿 .. 200克
排骨 200克
干豆腐结 ...100克
黄酒 30克
葱段 .... 适量
姜片 .... 适量
盐 .... 适量

炊具

羽釜锅

步骤

1 云南火腿用温水浸泡2小时，然后切片备用。

2 锅中煮开水，放入处理好的春笋焯熟去除涩味。

3 排骨凉水下锅煮开，去除血沫，捞出控干后备用。

4 另取一锅，把春笋、云南火腿、排骨、干豆腐结、葱段、姜片放入锅中，加入黄酒和水小火煮1小时，最后加盐调味即可。

小贴士

云南火腿可以用腊肉代替，也需要温水浸泡后方可使用。火腿片不宜切太薄，要有一定厚度。因为本身都有咸味，最后放盐调味要适量。

泡菜五花肉卷

材料

五花肉片 12片
番茄酱 30克
蚝油 15克
生抽 20克
白糖 10克
韩式辣酱 30克
蒜末 20克
水 100克
生菜 .... 适量
芝士片 .... 适量
泡菜 .... 适量

炊具

煎烤盘

步骤

1 把番茄酱、蚝油、生抽、白糖、韩式辣酱、蒜末和水混合均匀，调制成调料汁备用。

2 取2片五花肉平铺，上面依次放上生菜、芝士片和泡菜。

3 在摆好的五花肉上刷一层调制好的调料汁，然后卷起来。

4 依次做完所有五花肉卷，放在保鲜盒中冷藏保存。

5 烤盘用中火烧热，放入五花肉卷煎制。

6 待四面都煎成金黄色，蘸上适量调料汁即可食用。

小贴士

五花肉最好选择厚切五花肉片，五花三层薄厚均匀，长度20厘米以上，卷起来比较方便，固定肉卷时可以借助牙签或者竹签，这样不容易散掉。

香菇蒸虾盏

材料

香菇 ………… 8个
大虾 ……… 250克
盐 ……………… 1克
黑胡椒 ………… 1克
葱末 ………… 适量

炊具

铝制饭盒

步骤

1 大虾去皮、去虾线、切碎，加入盐和黑胡椒混合均匀备用。

2 香菇洗净后，去除根部。

3 把切碎的虾肉放在香菇上，饭盒放入蒸格，在蒸格上摆放好香菇虾盏。

4 盖上饭盒盖，蒸15分钟，最后撒上葱末即可。

小贴士

虾肉可以选择半成品虾仁或者火锅用虾滑，这样操作起来更加方便。用饭盒蒸制过程中注意火力不要过大，以免水分完全蒸发导致煳锅。

春川鸡

材料

鸡腿 5个
白糖 20克
料酒 20克
生抽 40克
韩式辣酱 60克
洋葱 1/2个
圆白菜 1/2个
土豆 1个
杭椒 10个
盐 2克
葱末 .... 适量
姜末 .... 适量
蒜末 .... 适量
白芝麻 .... 适量
食用油 .... 适量

炊具

铸铁锅

步骤

1 鸡腿去骨，然后切成块状；土豆切成土豆条；洋葱、圆白菜切丝；杭椒切段。

2 把白糖、料酒、生抽、韩式辣酱、盐、葱末、姜末、蒜末混合均匀，调制成调料汁备用。

3 把调料汁跟鸡块混合均匀，腌制30分钟。

4 平底锅放食用油，加入腌制好的鸡块炒熟。

5 放入土豆条，倒入适量清水煮10分钟。

6 最后放入圆白菜丝、洋葱丝、杭椒段，炒软后撒上白芝麻即可。

小贴士

建议使用铸铁平底锅。要把鸡肉炒至表面金黄色后再进行下一步操作，切土豆的时候要控制好厚度，方便煮熟。

生煎鸡排

材料

鸡腿 2个
料酒 10克
生抽 30克
白糖 10克
日式味醂 60克
面粉 .... 少许
白芝麻 .... 适量
食用油 .... 适量

炊具

麦饭石不粘锅

步骤

1 鸡腿去骨，放上料酒腌制去腥。

2 将腌制好的鸡腿正反两面都沾上面粉备用。

3 把日式味醂、生抽、白糖混合均匀，调制成调料汁备用。

4 锅中放食用油，放入腌制好的鸡腿，煎至两面成金黄色。

5 放入调料汁，大火收汁。

6 最后撒上白芝麻即可。

小贴士

可以提前在家把鸡腿去骨、腌制好，然后用保鲜袋保存，面粉也可以直接放在保鲜袋中摇匀，这样操作更简便。

春笋牛肉

材料

牛肉........250克
春笋........250克
生抽..........20克
蚝油...........15克
盐...............3克
料酒...........15克
淀粉...........10克
青椒...........适量
红椒...........适量
葱末...........适量
蒜末...........适量
食用油........适量

步骤

1 牛肉切条，加入生抽、蚝油、盐、料酒和淀粉，抓匀腌制20分钟。

2 春笋切块，放入沸水中焯熟，取出控干水备用。

3 青椒、红椒切丝备用。

4 锅中放食用油加入葱末、蒜末爆香，然后放入牛肉条炒至变色。

5 加入春笋块炒匀。

6 最后放入青椒丝、红椒丝炒匀即可出锅。

炊具

麦饭石不粘锅

小贴士

可以选择新鲜的春笋，也可以选择袋装即食春笋，清洗干净就可以直接料理。因为牛肉用淀粉腌制过，建议使用不粘锅，这样牛肉不容易粘锅。

莴笋炒蛋

材料

莴笋	1根
鸡蛋	2个
盐	2克
蚝油	10克
葱末	适量
蒜末	适量
食用油	适量

炊具

麦饭石不粘锅

小贴士

这道菜可以做成炒菜，还可以先把莴笋切丝跟鸡蛋混合，加入调味料后摊制成蛋饼，也非常好吃。

步骤

1. 莴笋去皮、切薄片备用。
2. 锅中放食用油，把鸡蛋打散，放入锅中炒至定形，盛出备用。
3. 锅中再倒一点食用油，加入葱末、蒜末爆香，然后放入莴笋片翻炒均匀。
4. 最后放入炒好的鸡蛋，加入盐和蚝油调味即可。

香椿炒蛋

步骤

1 香椿洗净，放入热水中焯至变绿后取出。

2 去掉香椿的根部，然后切碎备用。

3 把鸡蛋打散，放入香椿碎，加盐搅拌均匀。

4 锅中倒食用油，放入鸡蛋液炒至表面金黄色即可出锅。

材料

香椿........200克
鸡蛋............3个
盐...............2克
食用油........适量

小贴士

建议选择不粘锅，更容易翻面。一般制作鸡蛋类或者淀粉类食材用不粘锅比较容易操作，清洗起来也更方便。

滑蛋蟹柳

材料

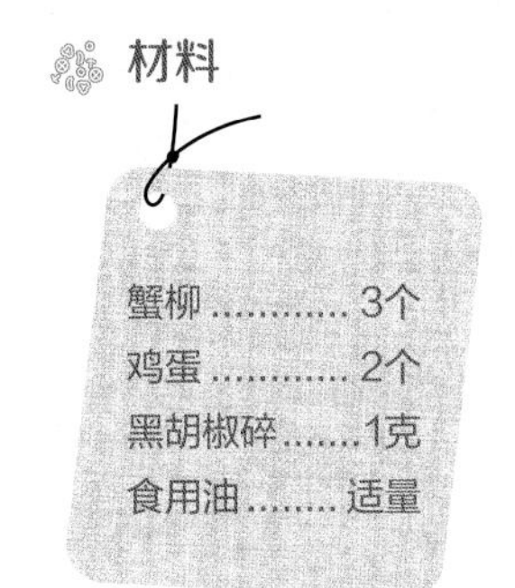

炊具

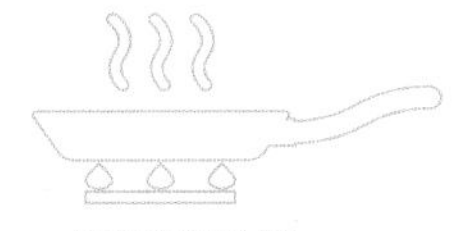
麦饭石不粘锅

步骤

1 把蟹柳撕成条，锅中放食用油，加入蟹柳条炒匀。

2 把鸡蛋打散放入锅中，小火翻炒。

3 用铲子把鸡蛋液往中间推，炒至八成熟关火。

4 用余温把鸡蛋全部烘熟，最后撒上黑胡椒碎即可。

小贴士

如果选择非即食蟹柳，需要提前将其煮熟后撕成条再进行料理。这道菜可以放在吐司面包上搭配食用，是非常美味的早餐选择。

韩式炒杂菜

材料

粉丝……100克
菠菜……200克
洋葱……100克
香菇……100克
胡萝卜……100克
豆芽……100克
生抽……50克
香油……15克
白糖……10克
盐……3克
胡椒粉……1克
白芝麻……2克
食用油……适量

炊具

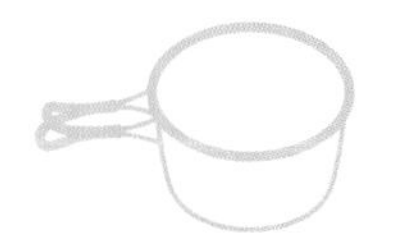

铝制户外锅

步骤

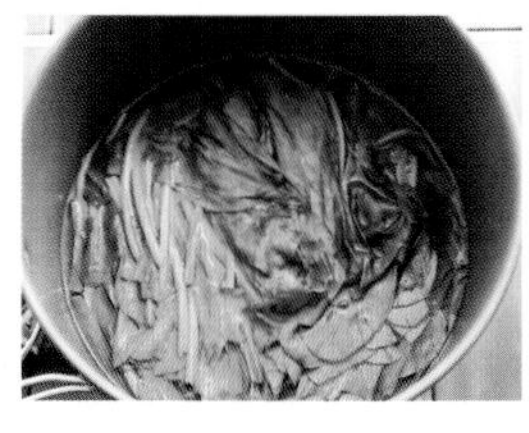

1 菠菜洗净，放在热水中焯熟，捞出控水备用。

2 把生抽、香油、白糖、盐、胡椒粉和白芝麻混合均匀，调制成调料汁备用。

3 洋葱切丝；香菇切片；胡萝卜切丝；豆芽洗净备用。

4 锅中烧开水，放入粉丝煮6分钟，取出过凉水备用。

5 锅中放食用油，放入菠菜、洋葱丝、香菇片、胡萝卜丝、豆芽炒熟。

6 然后放入粉丝和调料汁炒匀即可。

小贴士

蔬菜的清洗和切丝可以提前在家做好，调料也可以提前放在保鲜袋中，带到营地直接操作。因为蔬菜体积较大，建议选择大一点的锅具来烹饪。

韩式海鲜饼

材料

鱿鱼……100克
虾仁……100克
小米椒……3个
藤椒……3个
鸡蛋……1个
水……200克
煎饼粉……100克
香葱……适量
食用油……适量

步骤

1 鱿鱼切段；虾仁切块备用。

2 小米椒和藤椒斜切成小段；香葱切段备用。

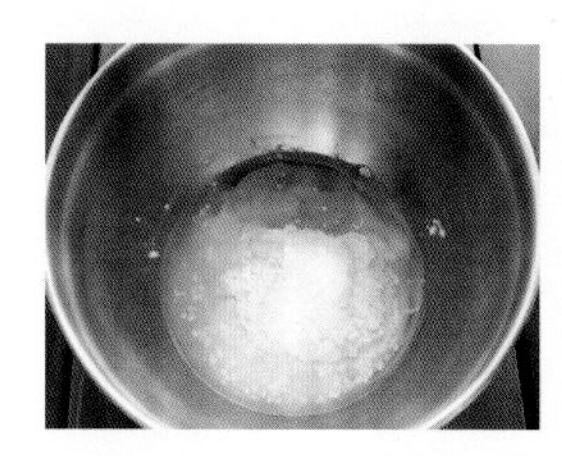

3 煎饼粉加水，打入1个鸡蛋混合成面糊。

4 面糊里加入鱿鱼段、虾仁块、小米椒段、藤椒段和葱段混合均匀。

炊具

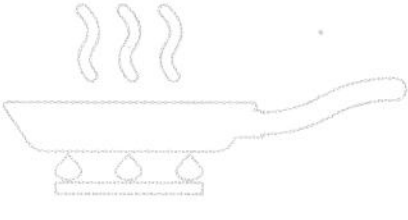

麦饭石不粘锅

5 锅中放食用油，加入面糊，煎至一面定形后翻面。

6 煎至两面金黄即可盛出锅。

小贴士

鱿鱼和虾仁可以换成等量的其他海鲜食材，如鲜贝肉、龙利鱼肉等，还可以加入韭菜，口感会更加丰富。

照烧三文鱼饭

材料

大米........200克
水...........220克
三文鱼.....250克
日式味醂....20克
盐...............2克
照烧酱.......30克
黑胡椒碎.....适量
食用油........适量

炊具

铝制饭盒

步骤

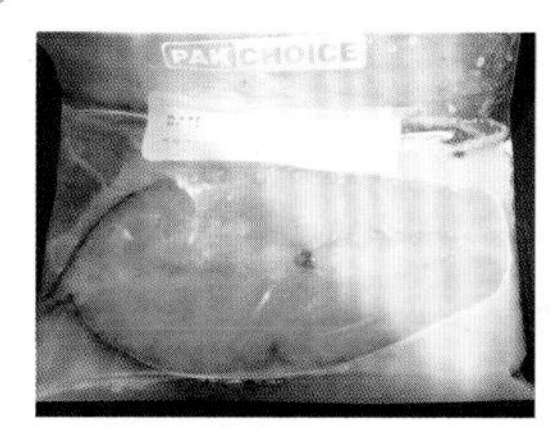

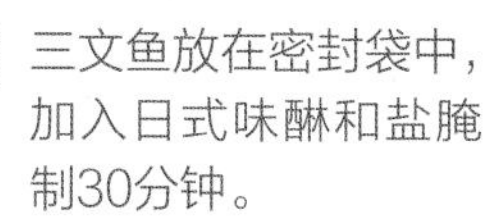

1 三文鱼放在密封袋中，加入日式味醂和盐腌制30分钟。

2 大米放在水中提前浸泡30分钟。

3 平底锅放食用油，加入腌制好的三文鱼，两面煎至金黄色备用。

4 饭盒放在火上加热10分钟左右，煮至表面没有水。

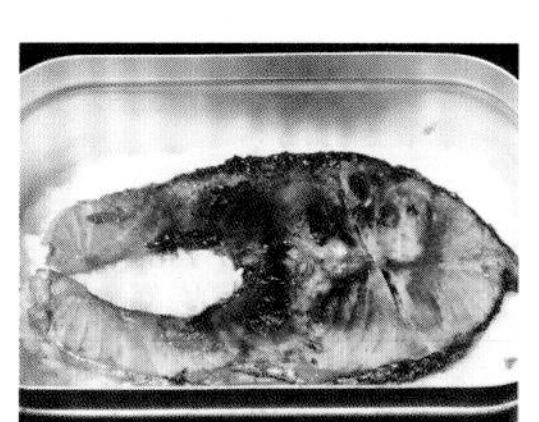

5 放入煎制好的三文鱼，淋上照烧酱。

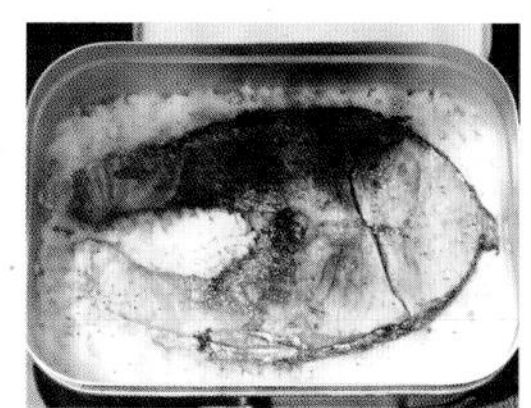

6 盖上盖子，小火再加热10分钟，然后关火闷5分钟，最后撒上黑胡椒碎即可。

小贴士

菜谱中使用的铝制饭盒容量是1000毫升，足够2~3人食用，如果一人食可以选择800毫升的饭盒，大米和水用量减半即可。

肥牛盖浇饭

材料

大米........200克
水...........220克
肥牛.........100克
洋葱..........1/2个
生抽.......... 30克
蚝油...........15克
白糖...........10克
白芝麻........适量
食用油........适量

步骤

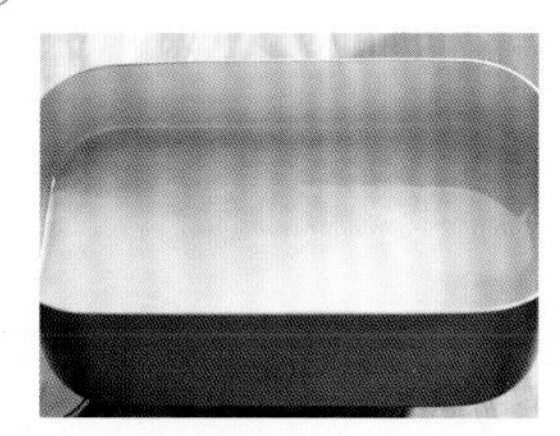

1 大米放在水中提前浸泡30分钟；洋葱切丝备用。

2 将浸泡好的大米放在酒精炉上，煮至表面没有水，盖上盖子继续煮10分钟，然后关火闷10分钟。

3 将肥牛放入热水中，煮熟后捞出控水备用。

4 锅中放食用油，放入洋葱丝炒至变色。

5 加入煮熟的肥牛、生抽、蚝油和白糖翻炒调味。

6 把炒好的肥牛放在煮好的米饭上，最后撒上白芝麻即可。

炊具

铝制饭盒

小贴士

用铝制饭盒焖饭，大米一定要提前浸泡30分钟以上，让大米吸饱水分，这样才能制作成功，如果用瓦斯炉加热，一定要控制火力不要过大，以免煳底。

什锦腊肉焖饭

材料

大米........200克
水...........220克
土豆.........100克
胡萝卜......100克
腊肉.........100克
青豆..........50克
生抽...........10克

步骤

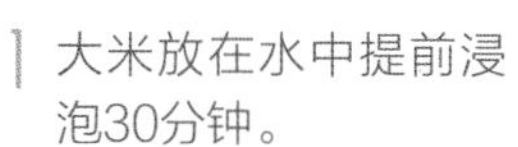

1 大米放在水中提前浸泡30分钟。

2 土豆、胡萝卜、腊肉切小块备用。

3 将浸泡好的大米放在炉子上，煮至表面没有水。

4 然后放入土豆块、胡萝卜块、腊肉块和青豆。

5 盖上盖子继续煮10分钟，然后关火闷10分钟。

6 最后根据口味淋上生抽即可。

炊具

铝制饭盒

小贴士

腊肉一般咸味较重，要提前浸泡除去咸味，浸泡之后的腊肉切片方可使用。

黄油牛肉炒饭

材料

牛肉........200克
生抽..........20克
料酒..........10克
米饭...1碗(350克)
黄油..........30克
葱末..........适量
蒜末..........适量
黑胡椒碎.......1克
玉米粒........适量
盐...............2克
蚝油...........15克

步骤

1 牛肉切片，加入生抽、料酒腌制备用。

2 将米饭倒扣在烤盘中间，外围摆放一圈牛肉片。

3 然后放上黄油、葱末、蒜末和黑胡椒碎。

4 加热烤盘，将米饭、牛肉片和调味料翻炒均匀。

5 放入玉米粒炒匀。

6 最后加入盐和蚝油调味即可。

炊具

煎烤盘

小贴士

牛肉最好选择以瘦肉为主的部位，里脊肉为最佳。处理牛肉要横纹切，这样制作出来的牛肉口感最佳。

炒乌冬面

材料

乌冬面……1份
肉丝……100克
生抽……10克
日式味醂……10克
洋葱……1/2个
青椒……适量
红椒……适量
白芝麻……适量
食用油……适量

步骤

1 乌冬面放入水中煮熟，取出控水备用。

2 洋葱、青椒、红椒切丝备用。

3 锅中放食用油，加入肉丝炒至变色。

4 然后放入洋葱丝、青椒丝、红椒丝炒匀。

5 放入煮熟的乌冬面，加生抽和日式味醂炒匀。

6 最后撒上白芝麻即可食用。

炊具

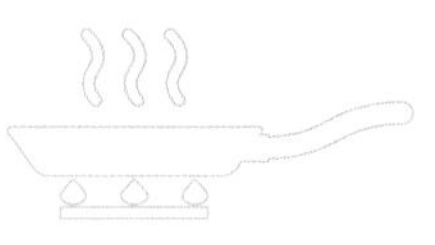

麦饭石不粘锅

小贴士

乌冬面分为湿乌冬面和干乌冬面，可以根据个人喜好选择，湿乌冬面水开后煮3分钟，干乌冬面水开后煮5分钟即可全熟。

牛奶培根方便面

材料

培根............2片
方便面..........1份
牛奶........250克
黑胡椒碎.......1克
盐................1克
食用油........适量

炊具

铝制饭盒

小贴士

铝制饭盒加热过程中切记不要开大火，以中小火为最佳，也可以选择有不粘涂层的饭盒，这样操作起来更方便。

步骤

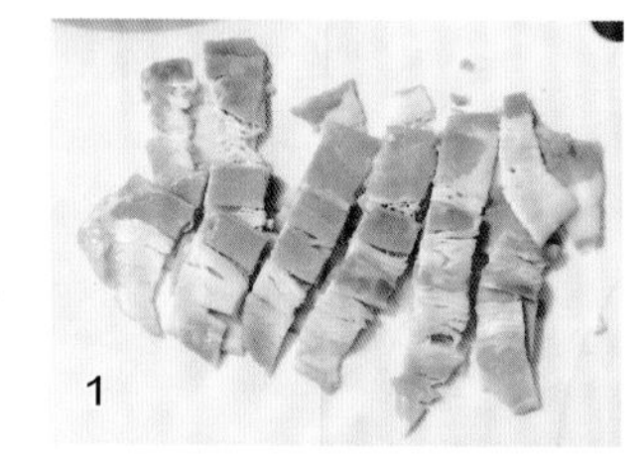

1 培根切碎备用。
2 铝制饭盒内放食用油，加入培根碎炒至变色。
3 倒入牛奶，加入方便面小火煮开。
4 待方便面煮熟后，放入黑胡椒碎和盐调味即可。

豆浆凉面

材料

玉米冷面.......1份
豆浆........500克
辣椒酱.......20克
生抽..........20克
白醋..........20克
盐..............2克
白糖...........10克
冰块...........适量

步骤

1 水烧开后放入玉米冷面煮3分钟，取出后放入冷水中放凉备用。

2 把辣椒酱、生抽、白醋、盐和白糖混合均匀，调制成调料汁备用。

3 把放凉的冷面放在大碗中，倒入豆浆。

4 最后放上调好的调料汁和冰块，搅拌均匀即可。

炊具

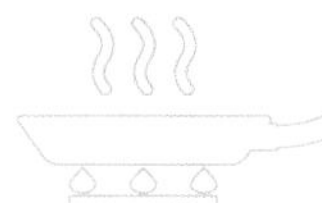

麦饭石不粘锅

小贴士

豆浆可以提前冷藏一下，这样既能保持低温又可以避免变质。可以根据个人喜好选择冷面种类，荞麦冷面也可以制作这道料理。

苏打特调

材料

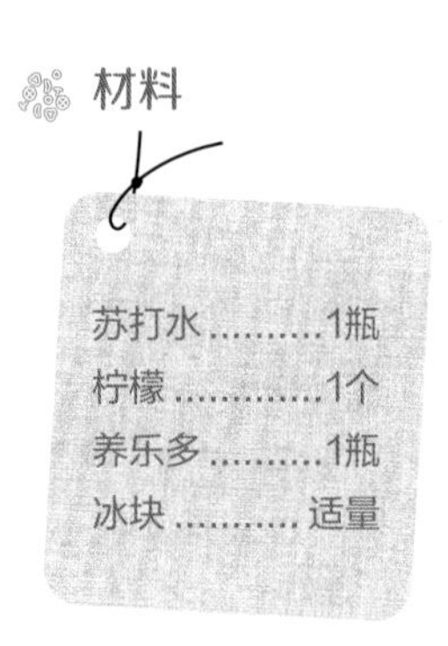

苏打水..........1瓶
柠檬.............1个
养乐多..........1瓶
冰块........... 适量

炊具

雪拉碗

步骤

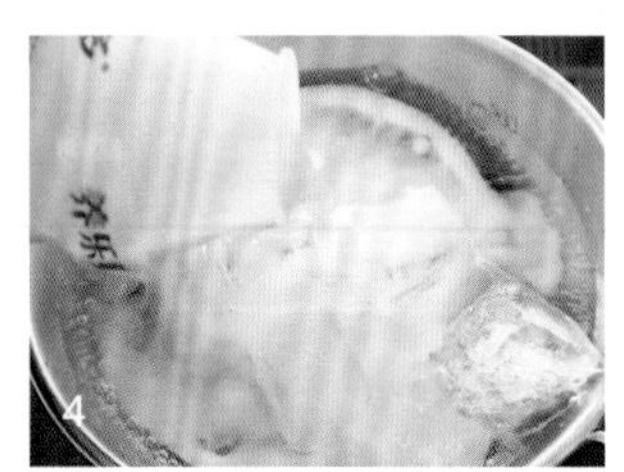

1 柠檬洗净切片备用。
2 把柠檬片放入雪拉碗中，加入苏打水。
3 放入冰块混合均匀。
4 最后放入养乐多即可。

小贴士

养乐多可以跟很多饮品搭配，调制出不同味道的特饮，比如苏打水、咖啡等，或者直接加入柠檬和冰块，也非常好喝。

生椰乌龙茶

材料

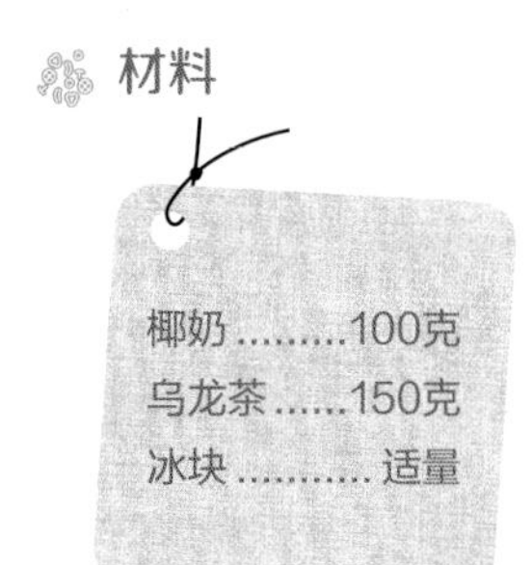

步骤

1 先制作1杯乌龙茶放凉备用。

2 另取1个杯子，放入一半的冰块。

3 倒入泡好的乌龙茶。

4 最后把椰奶淋在上面即可。

器具

玻璃杯

小贴士

乌龙茶可以用茶包提前泡好，也可以选择成品，比如三得利乌龙茶。

太热了！来山里吹吹风吧。

Chapter

3

夏日炎炎去露营

适合夏季的露营装备

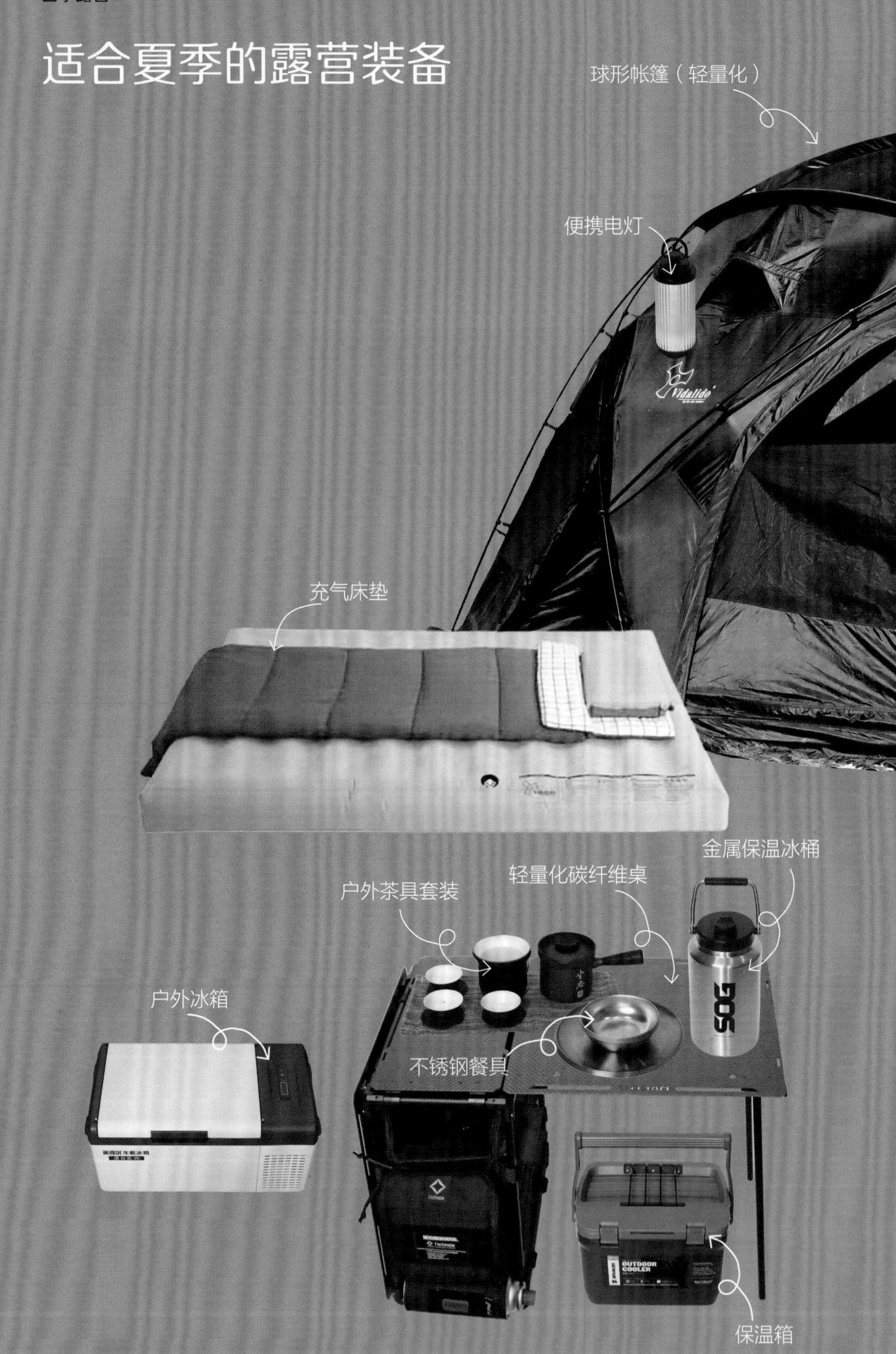
球形帐篷（轻量化）
便携电灯
充气床垫
金属保温冰桶
轻量化碳纤维桌
户外茶具套装
户外冰箱
不锈钢餐具
OUTDOOR COOLER
保温箱

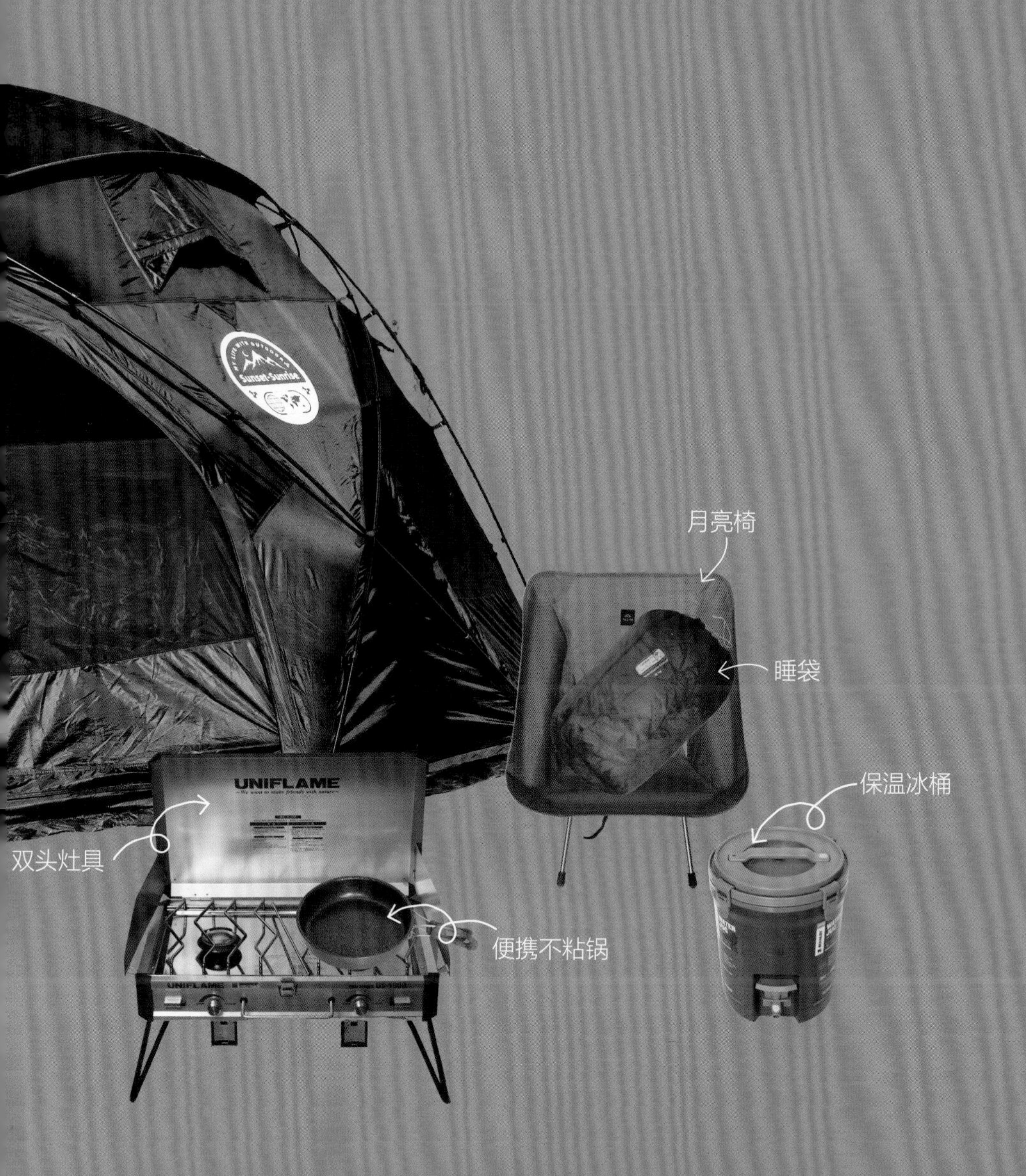

帐篷：球形帐篷（轻量化）

起居：充气床垫，睡袋

客厅：轻量化碳纤维桌，月亮椅

厨房：双头灶具，保温箱，保温冰桶，金属保温冰桶，户外茶具套装，户外冰箱，不锈钢餐具，便携不粘锅

照明：便携电灯

牛肉小串

材料

牛肉 250克
小苏打 2克
盐 3克
鲜鸡汁 10克
料酒 15克
淀粉 10克
洋葱碎 50克
葱末 50克
烧烤料 10克

炊具

炭炉

步骤

1 牛肉切成小块，加入小苏打、盐、鲜鸡汁、料酒和淀粉抓匀腌制3小时。

2 把腌制好的牛肉块穿成小串。

3 把牛肉串放在炭火上烤至变色。

4 最后撒上洋葱碎、葱末、烧烤料即可。

小贴士

牛肉可以选择里脊或者上脑这种比较嫩的部位，腌制和穿串都可以提前在家里完成，这样带到营地就能直接料理。

五花肉大串

材料

五花肉……500克
盐……3克
黑胡椒碎……1克
蒜末……10克
韩式辣酱……45克
香油……20克
番茄酱……30克
雪碧……30克
辣白菜……适量

炊具

煎烤盘

步骤

1 五花肉切成小方块备用。

2 加入盐、黑胡椒碎腌制30分钟。

3 把腌制好的五花肉块穿成串备用。

4 把蒜末、韩式辣酱、香油、番茄酱和雪碧混合均匀，调制成酱料备用。

5 铁盘放入五花肉串，煎至两面金黄。

6 然后放上辣白菜，把酱料均匀地涂在肉串上即可。

小贴士

五花肉选择五花三层的部位，可以去掉猪皮，这样煎出来的肉串口感比较统一，辣白菜也可以用酸菜替代，同样有解腻增香的效果。

手撕鸡

材料

鸡胸肉 250克
料酒 10克
老干妈辣酱
.... 30克
香油 5克
醋 30克
生抽 20克
蚝油 20克
洋葱 1/2个
黄瓜 1根
葱末 .... 适量
姜末 .... 适量
蒜末 .... 适量

炊具

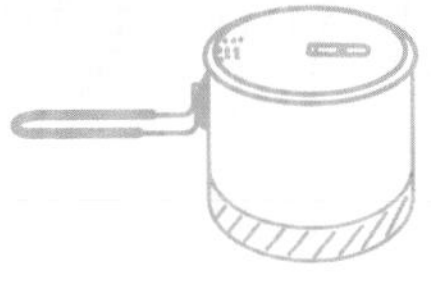

聚能锅

步骤

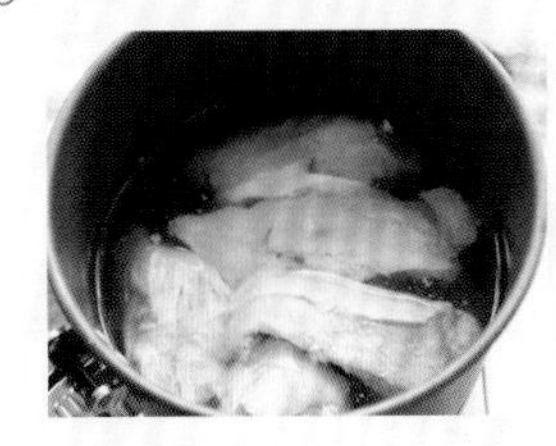

1 鸡胸肉放入水中，加入料酒，煮熟取出备用。

2 把凉透的鸡胸肉撕成鸡丝。

3 把老干妈辣酱、香油、醋、生抽和蚝油混合均匀，调制成调料汁备用。

4 把洋葱去皮、黄瓜洗净，分别切丝后，放入鸡丝中搅拌均匀。

5 把调制好的调料汁淋在上面。

6 最后撒上葱末、姜末、蒜末即可。

小贴士

鸡肉也可以选择鸡腿肉，鸡腿肉相比鸡胸肉会嫩一些，这样整道菜的口感会更加丰富。夏天冷藏后食用口感更好哦。

韩式辣炒鱿鱼

材料

鱿鱼块……500克
料酒……20克
韩式辣酱……45克
蒜末……10克
香油……20克
番茄酱……30克
盐……1克
雪碧……30克
洋葱……1/2个
青椒……适量
红椒……适量
食用油……适量

炊具

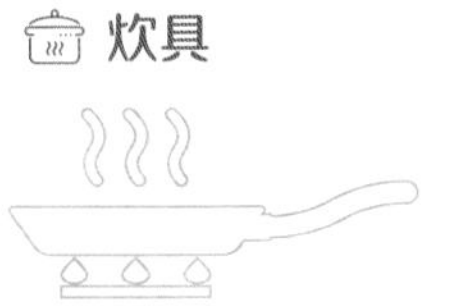
麦饭石不粘锅

步骤

1 洋葱去皮、切丝；青椒、红椒洗净、切丝备用。

2 把韩式辣酱、蒜末、香油、番茄酱、盐和雪碧混合均匀，调制成调料汁备用。

3 平底锅放食用油，放入鱿鱼块炒至变色，倒入料酒煮制去腥。

4 然后放入洋葱丝、青椒丝和红椒丝炒匀。

5 把调好的调料汁放入锅中翻炒均匀。

6 最后炒至汤汁浓稠即可。

小贴士

鱿鱼的处理比较麻烦，可以直接从超市购入处理好的鱿鱼块或鱿鱼须，这样省去了处理鱿鱼的步骤。

啤酒花甲

材料

花甲……300克
啤酒……100克
小米椒……3个
香葱……适量
大蒜……适量
盐……适量
食用油……适量

炊具

铝制饭盒

步骤

1 花甲放在水中，放少许盐和食用油浸泡2小时。

2 小米椒斜切段；香葱、大蒜切碎备用。

3 饭盒中放食用油，加入小米椒段、蒜末和一部分葱末炒香。

4 加入花甲翻炒均匀。

5 然后倒入啤酒，盖上盖子焖10分钟。

6 待所有花甲开口，撒上剩余葱末即可食用。

小贴士

想要花甲吐干净沙子的方法有很多：1.加盐和油浸泡。2.加少许盐反复摇晃。3.放入50℃左右的温水中也可以去除沙子。

雪拉碗蒸蛋

材料

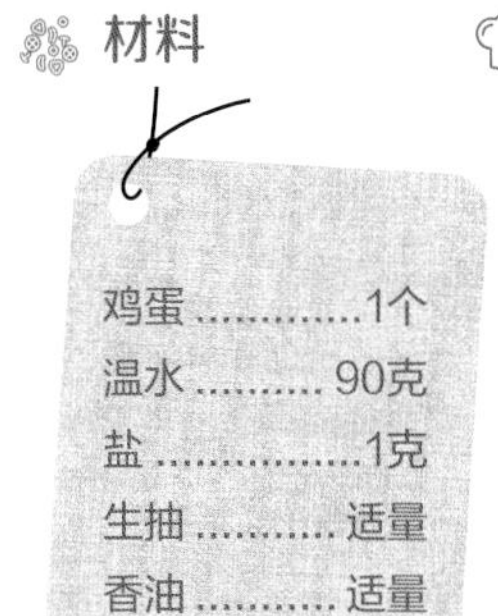

炊具

雪拉碗

步骤

1 小雪拉碗中放入鸡蛋打散，加入温水和盐搅拌均匀。

2 大雪拉碗里放上水，把装有鸡蛋液的小碗放在里面，盖上盖子。

3 将大雪拉碗放在酒精炉上加热10分钟。

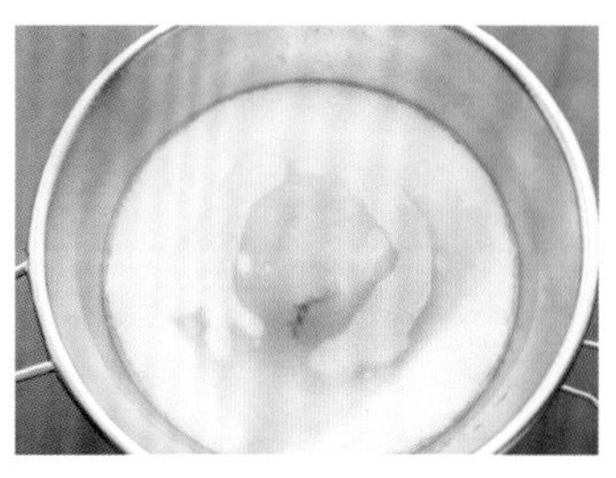

4 最后淋上生抽和香油即可。

小贴士

大雪拉碗的容量是450毫升，小雪拉碗的容量是300毫升，叠放在一起正好能有一个空间放水，蒸制时要注意火力不要过大。

苦瓜煎蛋

材料

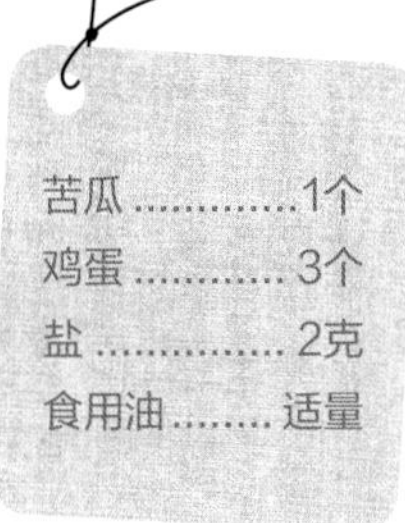

炊具

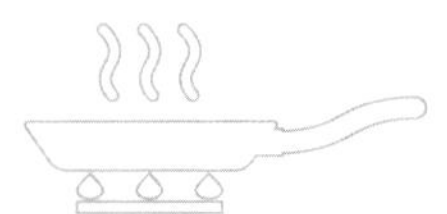

麦饭石不粘锅

小贴士

处理苦瓜时，切片要薄一些，这样容易熟透。可以煎成蛋饼也可以直接炒熟，苦瓜在夏季食用有消暑去火的功效。

步骤

1 苦瓜去籽切片备用。
2 锅中放食用油，放入苦瓜片炒软。
3 鸡蛋打散，淋入苦瓜片中。
4 煎至两面定形，撒盐调味即可。

夏日蔬菜沙拉组合

步骤

1 圆白菜、胡萝卜切丝备用。

2 把圆白菜丝、胡萝卜丝和甜玉米粒放入饭盒中搅拌均匀。

3 淋上低脂沙拉酱和黑胡椒碎。

4 拌匀即可食用。

材料

圆白菜......100克
胡萝卜......100克
甜玉米粒.... 50克
低脂沙拉酱
.... 20克
黑胡椒碎.......1克

小贴士

这款夏日蔬菜沙拉，可以根据个人喜好选择不同的应季食材，比如：黄瓜、番茄、生菜等，都可以组合在一起。

火腿鸡蛋饼

材料

鸡蛋 2个
火腿肠 1根
面粉 50克
水 25克
葱末 .... 适量
泰式甜辣酱... 适量
食用油 .... 适量

步骤

1 火腿肠切成丁备用；鸡蛋打散加入面粉和水。

2 将鸡蛋和面粉充分搅拌成面糊。

3 放入葱末和火腿丁搅拌均匀。

4 锅中放食用油，倒入面糊。

5 煎至两面金黄。

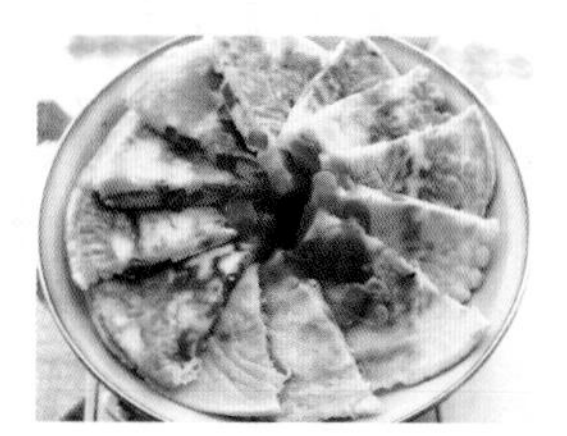

6 取出火腿鸡蛋饼，切成小块淋上泰式甜辣酱即可。

炊具

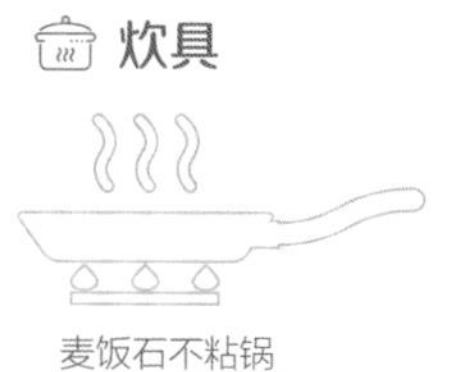

麦饭石不粘锅

小贴士

制作这道菜时，混合步骤可以借助保鲜袋，把所有食材都放入保鲜袋中混合均匀再煎，可以少洗几个器具。在户外活动中，也需要注意节约用水。

菠萝炒饭

材料

菠萝........200克
鸡胸肉.....250克
蔬菜丁........适量
米饭............1碗
料酒...........10克
胡椒粉..........1克
盐...............2克
生抽...........10克
葱末...........适量
蒜末...........适量
盐水...........适量
食用油........适量

炊具

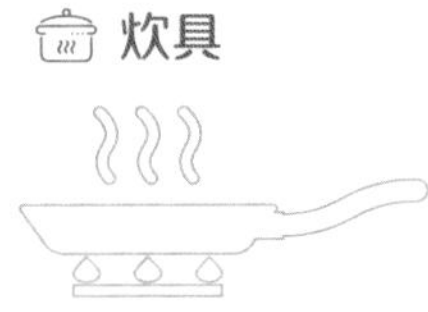
麦饭石不粘锅

步骤

1 菠萝切块放入盐水中浸泡30分钟。

2 鸡胸肉切丁，放入料酒和胡椒粉抓匀腌制10分钟。

3 锅中放食用油，加入葱末、蒜末炒香后，放入鸡肉丁炒至变色。

4 然后放入菠萝丁和蔬菜丁翻炒均匀。

5 然后放入米饭炒匀。

6 最后加盐和生抽调味即可。

小贴士

建议使用不粘锅，“爱路客”的不粘锅是不错的选择，大小合适，手柄可以收纳，有不粘涂层清理起来很方便。

中式凉面

材料

- 面条……1份
- 生抽……15克
- 蚝油……20克
- 醋……15克
- 盐……1克
- 白糖……10克
- 辣椒粉……5克
- 胡椒粉……1克
- 葱末……适量
- 蒜末……适量
- 黄瓜丝……适量
- 白芝麻……适量
- 冰水……适量
- 食用油……20克

炊具

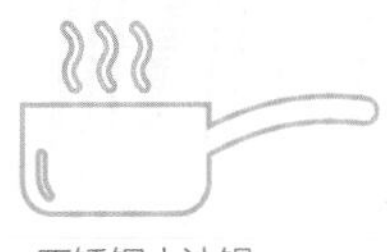

不锈钢小油锅

步骤

1 煮1人份的面条，将煮好的面条放在冰水中冰凉备用。

2 把葱末、蒜末、白芝麻、辣椒粉和胡椒粉放入大碗中，食用油烧热，淋在碗中爆香。

3 然后加入生抽、蚝油、醋、盐和白糖混合均匀，调制成调料汁备用。

4 把面条放入大碗中，放上黄瓜丝，淋上调制好的调料汁即可。

小贴士

面条的选择可以多样，比如荞麦面也非常不错。如果没有冰块，可以加一些油拌匀后放在凉风处吹凉。

朝鲜冷面

材料

冷面……1份
生抽……20克
白醋……20克
白糖……5克
雪碧……200克
韩式辣酱……30克
辣白菜……适量
黄瓜丝……适量
番茄片……2片
熟鸡蛋……1个

炊具

铝汤锅

步骤

1 冷面煮熟后捞出，放入凉水中放凉，也可在凉水中加入冰块帮助冷却；将煮熟的鸡蛋对半切开备用。

2 把生抽、白醋、白糖、雪碧和适量饮用水混合成冷面汤底备用。

3 把放凉的冷面放入汤底中。

4 上面摆放上韩式辣酱、辣白菜、黄瓜丝、番茄片和鸡蛋即可。

小贴士

夏季储存冰块可以用专业户外保温桶，也可以用我们平时的保温杯，保暖效果也非常不错。选择1升以上的容量，就可以满足一个人一天的冰块需求。

葱油拌面

材料

- 生抽……60克
- 老抽……30克
- 白糖……20克
- 食用油……80克
- 香葱……100克
- 手擀面……适量

炊具

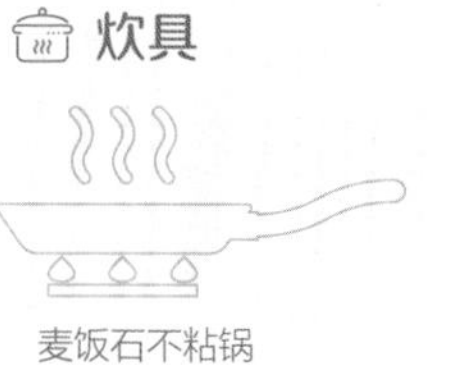

麦饭石不粘锅

步骤

1 将老抽、生抽和白糖混合均匀，调制成调料汁备用。

2 香葱洗净后切成小段备用。

3 锅中放食用油，加入香葱段小火慢炸。

4 香葱段炸至金黄色后关火。

5 然后把调制好的调料汁倒入葱油里面混合均匀。

6 手擀面煮熟后捞出放入碗中，淋入适量葱油即可。

小贴士

葱油是我们平时料理中经常会用到的一个调味料，每次可以多做一些放在罐子里，再放入冰箱冷藏保存，记得取食用的勺子一定要保持干燥和卫生，这样葱油可以保存更久。

日式煎饭团

材料

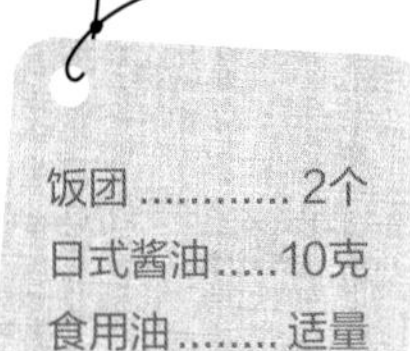

饭团............2个
日式酱油.....10克
食用油........适量

炊具

三明治夹

小贴士

饭团可以直接从便利店购买，日式酱油一定要买正宗的，否则味道会大打折扣。煎制用的器具是三明治夹，尽量选择具有可拆卸不粘涂层的，适用范围更广。

步骤

1 三明治夹涂上适量食用油。
2 把饭团放在上面加热。
3 在饭团表面均匀地刷上日式酱油。
4 饭团煎至两面金黄即可。

步骤

1 绿豆清洗干净放入锅中。

2 倒入适量水，中火炖煮。

3 煮约30分钟，待绿豆变色后，关火闷20分钟。

4 加入冰糖放凉后，加入少量冰块即可。

材料

绿豆 50克
水 500克
冰糖 20克
冰块 .... 少许

小贴士

绿豆汤可以提前在家里熬制好放在冰箱里冷藏保存，出发前放入保温杯中，里面还可以放一些冰块。夏日炎炎，绿豆汤绝对是消暑利器。

冷萃菠萝茶

材料

菠萝……1/2个
红茶……3克
盐……0.5克
苏打水……150克
冰水……适量
冰块……适量

器具

玻璃杯

步骤

1 菠萝去皮，切成小块，和红茶、盐一起放入杯中捣碎。

2 加入适量的冰水，放入冰箱冷藏6小时。

3 取100克冷藏好的菠萝茶放入杯中，加入适量冰块。

4 最后倒入苏打水即可。

小贴士

菠萝和红茶碾碎后也可以加水直接冻成冰块保存，饮用时直接加入苏打水稀释即可，这样还能保证饮品的冰凉状态。

车厘子柠檬气泡水

材料

车厘子........10个
柠檬片......... 2片
冰块........... 适量
苏打气泡水
.... 330克

器具

玻璃杯

步骤

1 车厘子洗净，留3个备用，剩余的去核，放入杯中捣碎。

2 杯中加入冰块和柠檬片。

3 倒入苏打气泡水。

4 最后放上3个完整的车厘子装饰即可。

小贴士

如果没有新鲜的车厘子，选择车厘子果酱也是可以的。如果喜欢其他口味，可以换成草莓果酱、蓝莓果酱等，调制出不一样的味道。

暴打青柠美式

材料

青柠檬......... 2个
咖啡粉........16克
饮用水..... 200克
浓缩糖浆.... 20克
冰块........... 适量

器具

摩卡壶

玻璃杯

步骤

1 将咖啡粉放入摩卡壶中，制作1杯浓缩咖啡液。

2 青柠檬对半切开，放入杯中，加入浓缩糖浆后充分混合。

3 杯中放入冰块，倒入饮用水。

4 最后倒入咖啡液即可。

小贴士

摩卡壶制作咖啡的步骤：摩卡壶底部放好水，然后放入装好咖啡粉的粉碗，拧紧摩卡壶后放在炉子上用中火加热，待液体流出半杯，并且有大量气泡产生的时候停止加热，等待剩下的咖啡液全部流出即可。

冰柠檬苏打水

材料

苏打气泡水 330克
柠檬 1/2个
蜂蜜 10克
冰块 .... 适量

步骤

1. 柠檬洗净后切片备用。
2. 杯底先平铺2片柠檬片，再倒入蜂蜜和苏打气泡水。
3. 然后放入冰块混合均匀。
4. 最后再摆放几片柠檬片装饰即可。

小贴士

清洗柠檬的时候可以用盐在柠檬表皮揉搓，这样能把表面的蜡清洗得非常干净，这个方法也适用于清洗其他水果，比如橙子、橘子等。

雪碧养乐多

材料

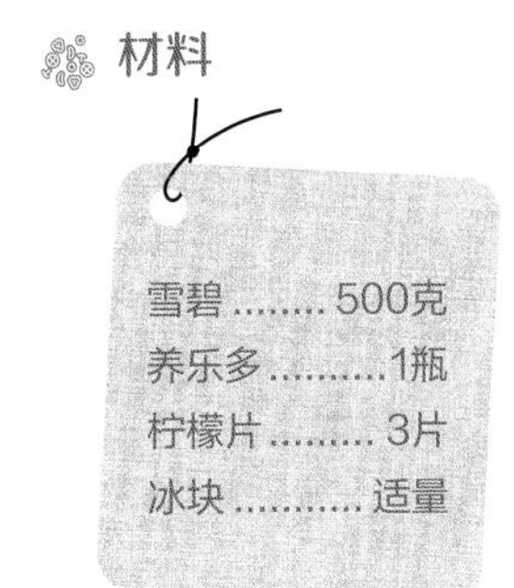

步骤

1 杯子里放入冰块和柠檬片。

2 将养乐多倒入杯中。

3 将雪碧倒入杯中即可。

小贴士

夏季冰块保存有几种方式：1.可以放在户外保温桶中携带。2.少量的冰块可以放在保温杯中随时拿取。3.可以利用户外冰箱冷冻冰块。

山中有风物，赏叶且喝茶。

Chapter

4

秋高气爽去露营

适合秋季的露营装备

- 帐篷：隧道帐篷
- 起居：电褥子，移动电源
- 客厅：实木蛋卷桌，克米特椅
- 厨房：单头灶具（高山气罐），羽釜锅，折叠烧烤炉，户外咖啡套装，铸铁炒锅，焚火台
- 照明：大功率电灯，多功能电灯
- 取暖：煤油取暖炉

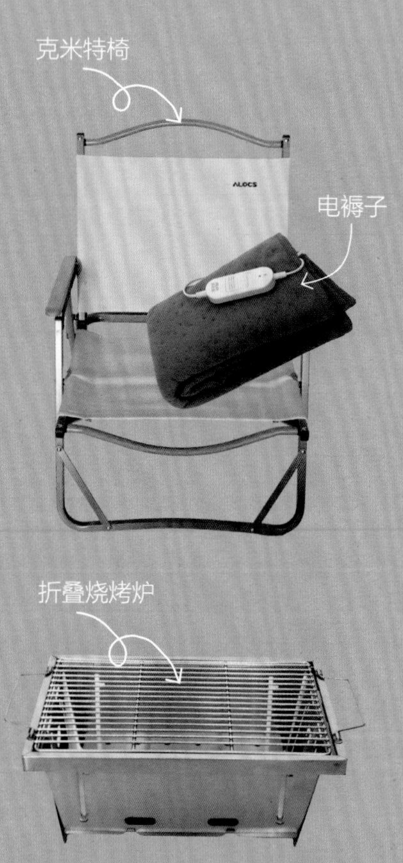

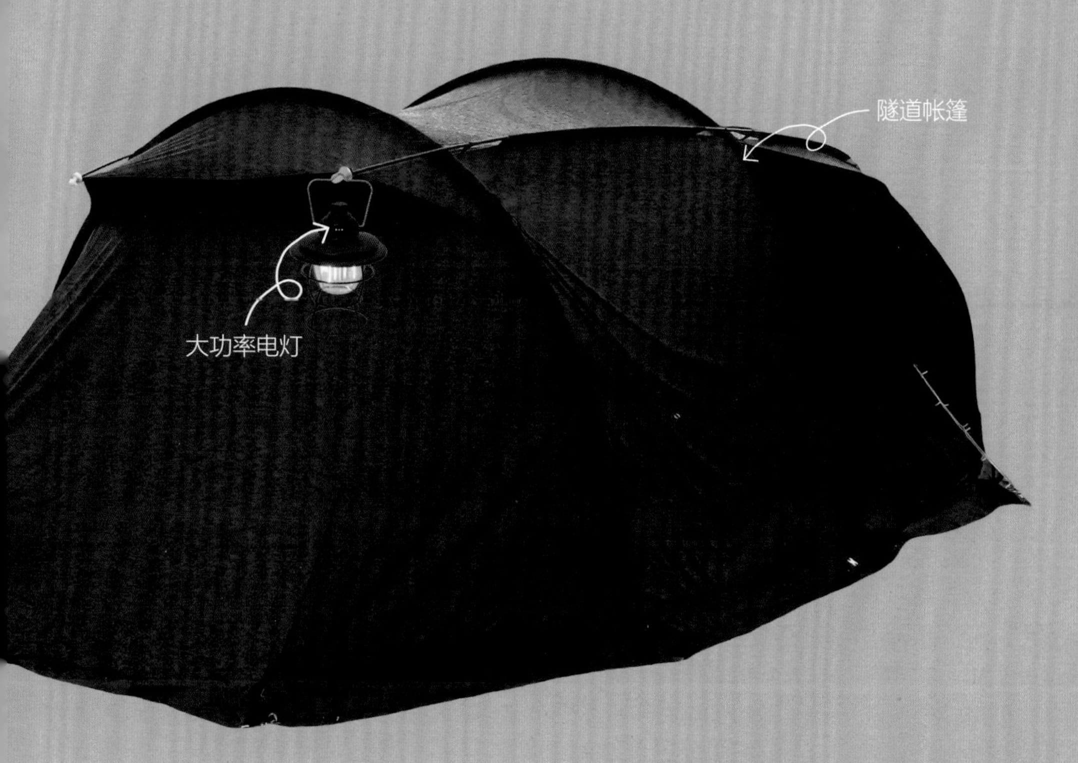
隧道帐篷
大功率电灯

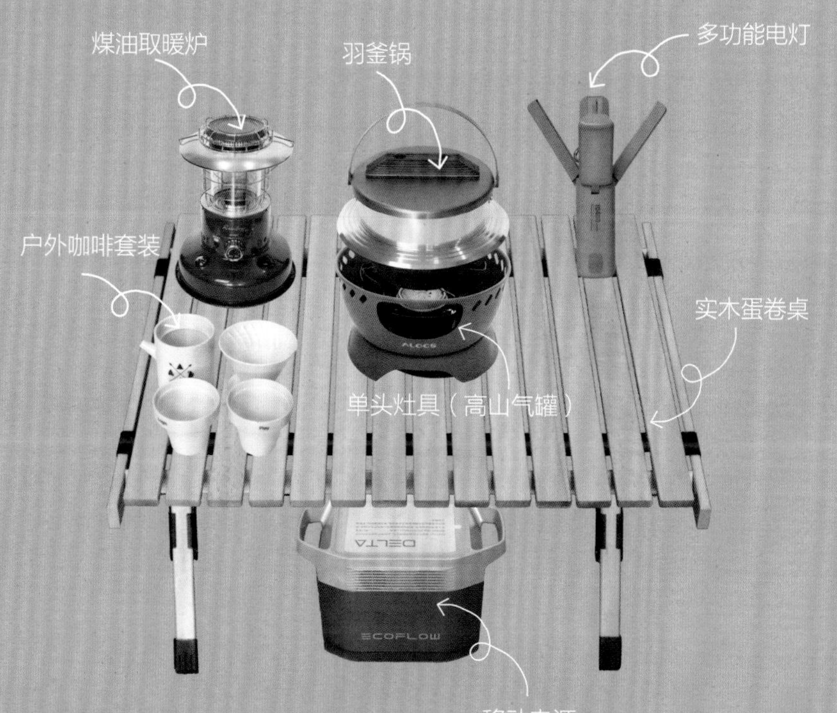
煤油取暖炉
羽釜锅
多功能电灯
户外咖啡套装
实木蛋卷桌
单头灶具（高山气罐）
移动电源
DELTA
ECOFLOW

啤酒烤鸡

材料

整鸡…………1只
啤酒…………1罐
大蒜…………2瓣
洋葱…………1/2个
盐…………5克
生抽…………30克
蚝油…………30克
料酒…………20克
蜂蜜…………20克
黑胡椒碎…………1克
橄榄油…………适量
熟青菜…………适量
锡纸…………适量

炊具

烤盘

步骤

1 整鸡去内脏洗净备用；大蒜、洋葱切碎备用。

2 把盐、生抽、蚝油、料酒、蜂蜜、黑胡椒碎、橄榄油、蒜末、洋葱末混合均匀，调制成调料汁备用。

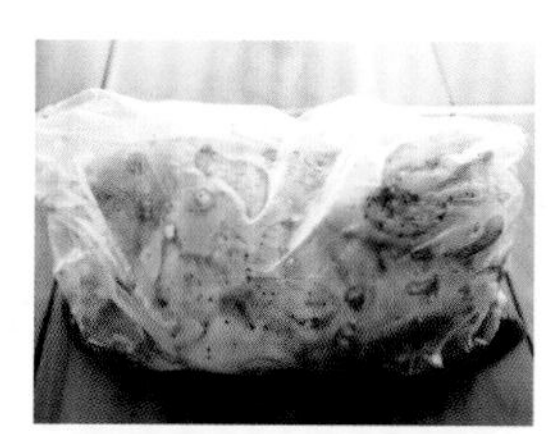

3 把整鸡装入保鲜袋中，加入调料汁充分按摩，放入冰箱腌制1天。

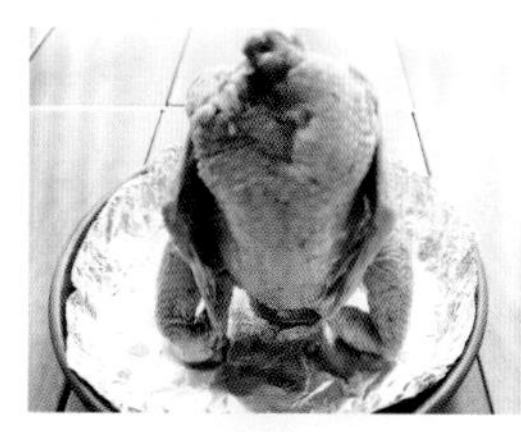

4 打开啤酒，倒掉1/3，把腌制好的鸡套在啤酒罐上，摆放在烤盘中。

5 用锡纸把整只鸡包裹好，放在火上小火加热1小时，或者放入烤箱200℃烤40分钟。

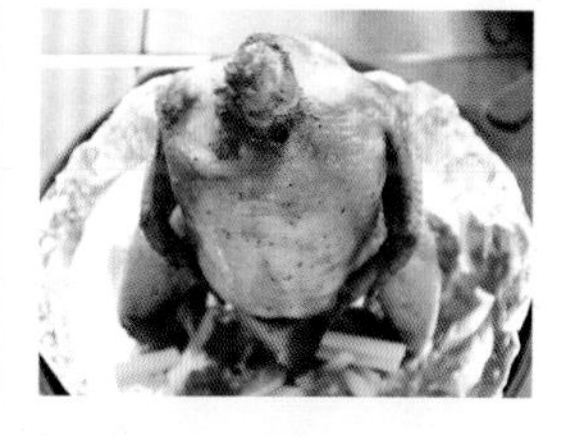

6 烤至鸡表面金黄后，去除锡纸，摆放上事先准备好的熟青菜装饰即可。

小贴士

户外露营有几种方式可以制作烤鸡：1.用锡纸包裹住鸡，放入托盘上，放在火上烘烤。2.使用专门的户外烤箱。3.有的柴火炉带有烤箱空间，也可以放进去直接烤。

栗子炖鸡

材料

整鸡............1只
栗子..........适量
花雕酒.......30克
生抽..........30克
白糖..........30克
盐...............5克
葱段..........适量
姜片..........适量
蒜末..........适量
五香粉..........1克
食用油........适量

炊具

有喜锅

步骤

1 栗子去皮备用。

2 整鸡切小块后洗净备用。

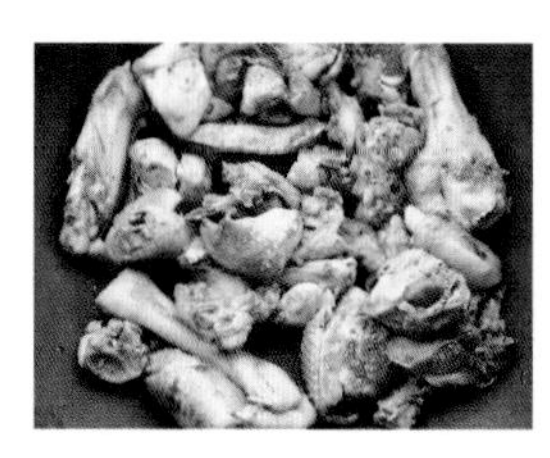

3 锅中放食用油，加入鸡块炒至变色，倒入花雕酒去腥。

4 然后加入葱段、姜片、蒜末和五香粉炒香。

5 加入栗子，添水没过所有食材，加生抽、白糖和盐调味。

6 中火慢炖30分钟，炖至汤汁浓稠即可。

小贴士

栗子去皮的方法：先在栗子上划一刀，然后锅中放水，加盐煮开，放入栗子煮5分钟，取出后趁热去皮，这样剥出来的栗子非常完整。

葱烧鸡块

材料

鸡腿肉……2个
料酒……10克
黑胡椒碎……1克
盐……2克
淀粉……10克
生抽……30克
白糖……10克
大葱……适量
食用油……适量

炊具

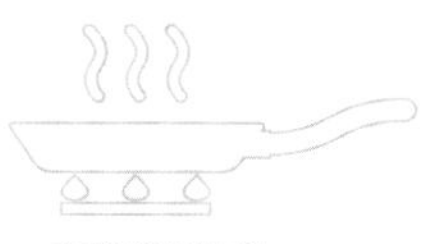

麦饭石不粘锅

步骤

1 鸡腿肉洗净切块，加入料酒、黑胡椒碎、盐和淀粉腌制30分钟；大葱洗净切成大葱圈。

2 平底锅放食用油，加入鸡块煎至金黄色。

3 加入生抽和白糖翻炒均匀。

4 最后加入大葱圈，翻炒均匀即可出锅。

小贴士

这道菜的重点就是腌制的时间一定要够，也可以提前用保鲜袋把鸡块和调料混合均匀，腌制好后放在冰箱保存，待露营时直接带到营地烹饪即可。

可乐鸡翅

材料

鸡翅............4个
料酒...........15克
生抽...........10克
老抽............5克
可乐........500克
盐...............3克
葱段...........适量
姜片...........适量
食用油........适量

炊具

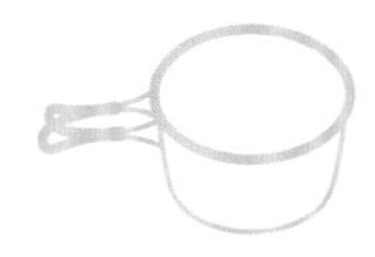

铝制户外锅

步骤

1 鸡翅中倒入料酒腌制30分钟。

2 锅中放食用油，放入葱段、姜片炒香后，放入腌制好的鸡翅煎至两面金黄。

3 加入生抽、老抽、可乐和盐，盖上盖子中小火慢炖。

4 炖至汤汁浓稠即可食用。

小贴士

适合户外也适合家里制作的一道料理，加入了可乐的鸡翅有一股焦糖的甜味，省去了炒糖色的步骤，更简单快捷。

明火烤牛排

材料

牛排 1块
海盐 3克
黑胡椒碎...... 2克
橄榄油 ....适量

炊具

炭炉

步骤

1 将牛排均匀地涂抹上海盐、黑胡椒碎和橄榄油，腌制1小时以上。

2 炭炉生好木炭，放上腌制好的牛排。

3 将牛排一面烤至金黄色，翻面烤另一面，总体的烤制时间为5分钟左右。

4 将烤好的牛排放在盘子里静置片刻，然后切块即可食用。

小贴士

牛排最好选择菲力或者上脑，这些部位的牛肉口感软嫩。烹饪时炭火不宜太旺，以炭表面呈现均匀白色为最佳，制作好的牛排可以用锡纸包裹静置一会儿，口味更佳。

苏子叶五花肉

材料

五花肉 500克
苏子叶 .... 适量
蒜末 10克
韩式辣酱 45克
香油 20克
盐 1克
雪碧 30克

炊具

炭炉

步骤

1 把蒜末、韩式辣酱、香油、盐和雪碧混合均匀，调制成调料汁备用。

2 五花肉切大块，放入炭火上烤。

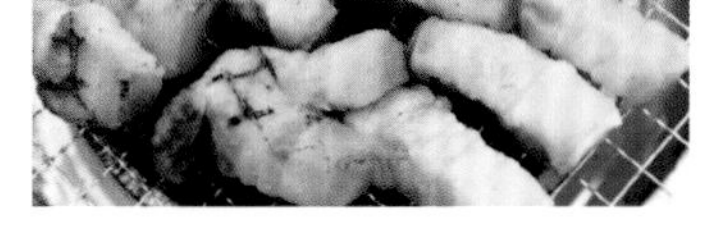

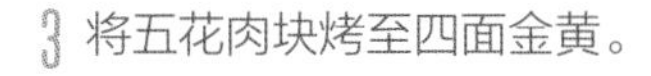

3 将五花肉块烤至四面金黄。

4 把烤好的五花肉蘸上调料汁，卷在苏子叶中即可食用。

小贴士

这道菜里面的调料汁也可以跟其他烤肉进行搭配，还可以作为韩式拌饭的拌饭酱或蔬菜的蘸酱。

玉米排骨汤

材料

排骨 250克
胡萝卜 1根
玉米 1根
盐 3克
葱段 .... 适量
姜片 .... 适量

步骤

1 排骨冷水入锅，煮开后去除血沫，捞出排骨备用；胡萝卜切滚刀块；玉米切小段。

2 另取一锅，重新放入清水，放入排骨煮开。

炊具

有喜锅

3 然后放入葱段、姜片、玉米段、胡萝卜块，小火煮1小时。

4 最后加盐调味即可。

小贴士

关于排骨的处理方法，也可以提前在水中长时间浸泡去除血水，然后直接炖煮，省去焯水的步骤。

酸菜氽白肉

材料

五花肉 500克
酸菜 500克
盐 5克
生抽 10克
老抽 10克
八角 3个
花椒 5克
香叶 3片
葱段 .... 适量
姜片 .... 适量
蒜片 .... 适量

炊具

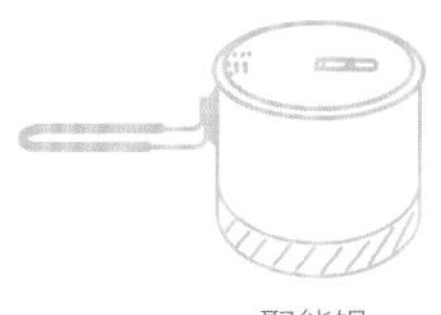

聚能锅

步骤

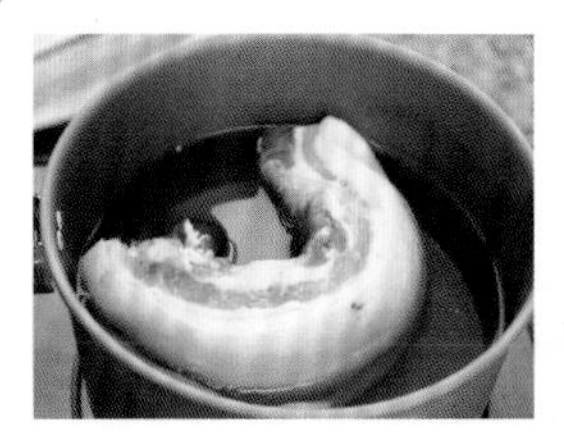

1 五花肉冷水下锅，大火烧开。

2 去除血沫继续煮10分钟，猪肉煮至全熟后，捞出放凉。

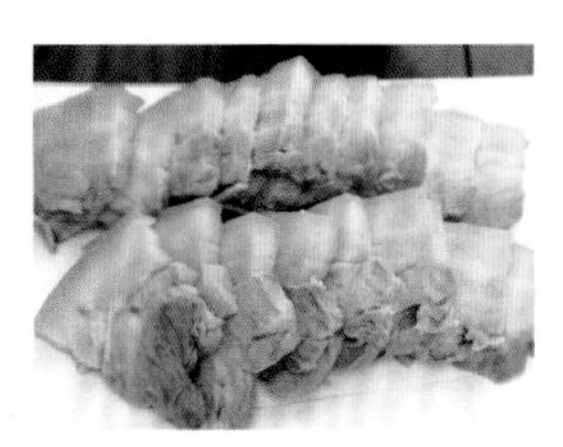

3 猪肉切成厚片备用。

4 锅中放入酸菜和五花肉片，加水烧开。

5 放入八角、花椒、香叶、葱段、姜片、蒜片煮开。

6 放入盐、生抽、老抽调味，盖上盖子煮30分钟以上即可。

小贴士

这是非常传统的一道东北菜，尤其适合秋冬露营，可以根据个人喜好加入血肠。煮好的五花肉蘸上蒜泥酱吃，味道更佳。

狼牙土豆

材料

土豆............2个
生抽...........10克
醋..............15克
蜂蜜..........30克
老干妈辣酱
..................30克
番茄酱.......30克
孜然...........10克
葱末..........20克
蒜末..........20克
白芝麻.........3克
食用油........适量

炊具

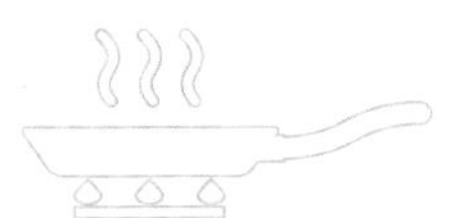

麦饭石不粘锅

铝汤锅

步骤

1 土豆去皮，洗净，切成波浪条备用。

2 锅中烧开水，放入土豆条煮至全熟，取出控干水备用。

3 把生抽、醋、蜂蜜、老干妈辣酱、番茄酱、孜然、葱末、蒜末混合均匀，调制成调料汁备用。

4 平底锅放食用油，放入土豆条炒至金黄色。

5 把调好的调料汁倒在土豆条上。

6 翻拌均匀后撒上白芝麻即可食用。

小贴士

用波浪刀切出来的土豆形似狼牙，这道菜的名字就由此而来。

炭烤口蘑

材料

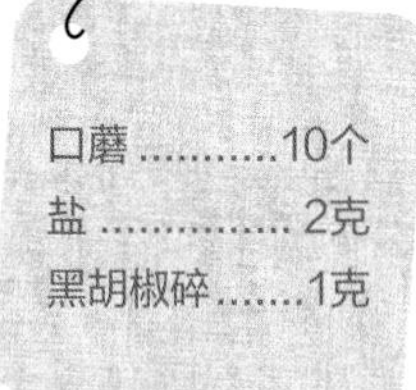

口蘑 10个
盐 2克
黑胡椒碎 1克

炊具

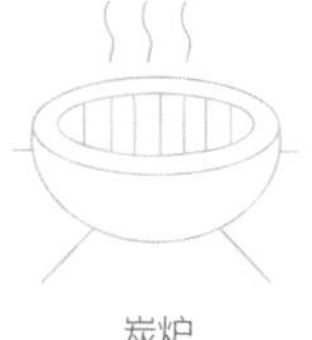

炭炉

步骤

1 去除口蘑根部并清洗干净备用。
2 把口蘑放在炭火上烤至有汁水溢出。
3 在口蘑上均匀地撒上黑胡椒碎。
4 最后撒上盐，等待汁水灌满口蘑即可食用。

小贴士

口蘑是露营烧烤时不可缺少的食材，其味道鲜美，料理简单，只需要简单的调味即可。

日式关东煮

材料

白萝卜 3块
福袋 2个
魔芋丝 2个
鸡蛋 1个
丸子串 .... 适量
日式酱油 20克
关东煮调料粉 1袋

步骤

1 把除日式酱油、关东煮调料粉以外的所有材料放入锅中，加水没过食材。

2 水中加入日式酱油和关东煮调料粉煮开。

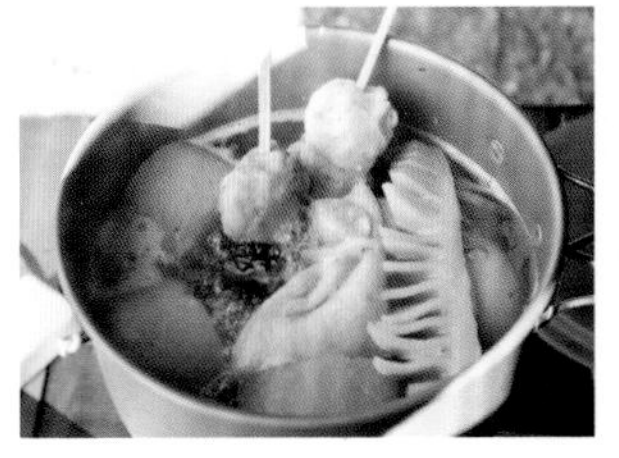

3 然后盖上盖子，改小火慢炖。

4 炖至萝卜能用筷子轻松插入即可。

小贴士

可以直接从网上购入关东煮食材，比如丸子串、福袋、魔芋丝等，然后加入关东煮调料粉和日式酱油煮开即可，是一道非常方便的露营美食。

泡菜饺子

材料

饺子 10个
洋葱 1/2个
黄油 20克
辣白菜 100克
韩式辣酱.... 30克
番茄酱 20克
牛奶 200克
白芝麻 .... 适量

炊具

麦饭石不粘锅

步骤

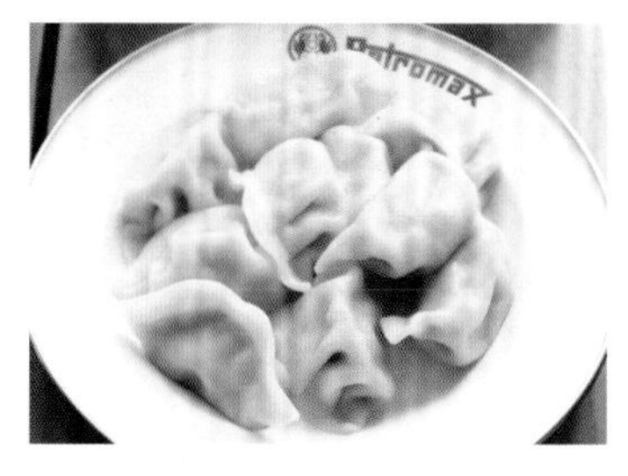

1 饺子煮熟后取出备用；洋葱洗净切成丝备用。

2 平底锅放入黄油，放入洋葱丝、辣白菜炒香。

3 然后加入韩式辣酱、番茄酱和牛奶煮开。

4 放入煮熟的饺子，最后撒上白芝麻即可。

小贴士

这道菜里面的饺子可以选择速冻水饺，以肉馅为最佳。

芝士番茄意大利面

材料

番茄罐头.......1罐
意大利面...100克
马苏里拉芝士碎
................100克
洋葱..........1/2个
大蒜...........适量
盐..............3克
黑胡椒碎.......1克
橄榄油........适量

炊具

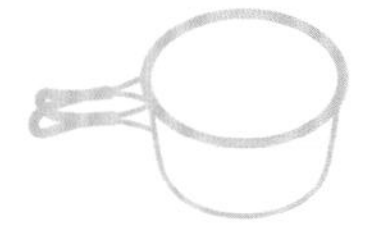

铝制户外锅

步骤

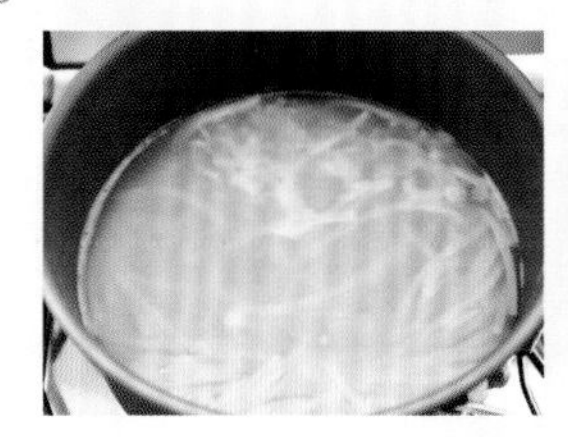

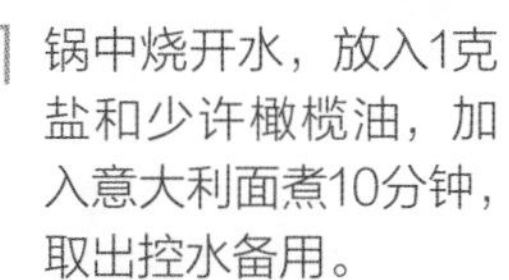

1 锅中烧开水，放入1克盐和少许橄榄油，加入意大利面煮10分钟，取出控水备用。

2 洋葱、大蒜切碎备用。

3 锅中放橄榄油，加入洋葱末和蒜末炒出香味。

4 倒入番茄罐头翻炒均匀。

5 加入煮好的意大利面，加盐和黑胡椒碎调味。

6 放上马苏里拉芝士碎，用喷枪加热至融化即可。

小贴士

番茄罐头作为露营中常用的食材可以跟很多食材组合搭配，比如番茄意大利面或者番茄炖鸡、番茄海鲜等，都有非常不错的味道。

烤冷面

材料

冷面皮……… 2张
鸡蛋………… 2个
火腿肠……… 2根
洋葱………… 20克
葱末………… 20克
辣酱………… 适量
食用油……… 适量

炊具

煎烤盘

步骤

1 鸡蛋打散；洋葱切碎；火腿肠对半切开备用。

2 煎烤盘刷上食用油，放入冷面皮两面煎一下，同时放上火腿肠加热。

3 把鸡蛋液均匀地涂抹在冷面皮上。

4 待鸡蛋液凝固后，将烤冷面翻面并均匀地涂抹上辣酱。

5 在烤冷面中间放上洋葱碎和煎好的火腿肠，并将其卷起来。

6 最后从中间对半切开，撒上葱末即可。

小贴士

烤冷面中可以加入其他食材，比如火腿肠、奥尔良鸡肉、辣条等，根据个人口味添加即可。

葱烧猪排饭

材料

猪里脊肉.. 200克
白胡椒粉.......1克
盐 3克
鸡蛋 1个
玉米淀粉.... 50克
料酒 20克
生抽 30克
白糖 30克
水 100克
小葱段 .... 适量
姜片 .... 适量
米饭 .... 适量
食用油 .... 适量

炊具

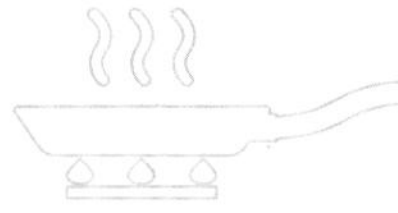

麦饭石不粘锅

步骤

1 猪里脊肉切片，加入白胡椒粉、盐、鸡蛋、玉米淀粉和10克料酒拌匀腌制20分钟。

2 把生抽、白糖、水和剩下的料酒混合均匀，调制成调料汁备用。

3 锅中放食用油，加入小葱段、姜片爆香后，放入猪肉煎至两面金黄。

4 放入调料汁大火收汁，最后搭配米饭即可食用。

小贴士

米饭的制作可以用到铝制饭盒：200克大米提前浸泡30分钟，然后加入220克水煮至表面没有水，然后加上盖子改小火继续加热10分钟，最后关火闷10分钟即可。

玉米粒焖饭

材料

大米........200克
水...........220克
玉米粒.....200克
黄油...........10克

步骤

1 大米洗净后提前用水浸泡30分钟。

2 然后把大米和水按照比例放在饭盒中，中火加热，煮至表面没有水。

炊具

铝制饭盒

3 加入玉米粒和黄油，盖上盖子，小火再加热10分钟。

4 最后关火闷10分钟即可。

小贴士

铝制饭盒可以说是露营中的万能料理工具，不仅可以制作米饭，还可以煮面、炖菜、蒸包子、熏制肉类和坚果。有纯铝和不粘涂层材质，根据需要选择即可。

栗子饭

材料

大米	200克
水	220克
栗子	100克
食用油	适量

炊具

铝制饭盒

小贴士

这道菜使用的栗子是袋装即食栗子，这种袋装食材广泛应用于露营场景中，可以简化料理的步骤，推荐使用。

步骤

1. 大米洗净后提前用水浸泡30分钟。
2. 把大米、水、食用油和栗子放入饭盒，中火加热10分钟。
3. 煮至表面没有水，盖上盖子，改小火蒸10分钟。
4. 最后关火闷10分钟即可。

柴火炉烤红薯

材料

炊具

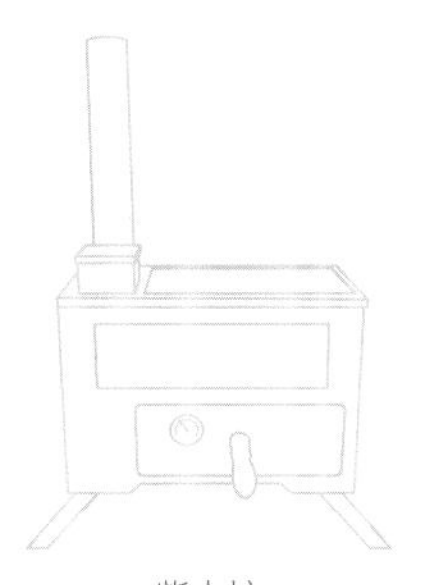

柴火炉

步骤

1 红薯洗净后用干布擦干。

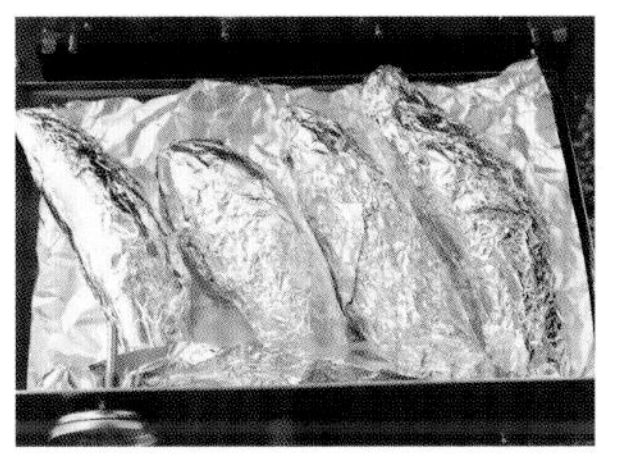

2 用锡纸把红薯包裹住。

3 将包裹好的红薯放入柴火炉中，180℃烤1小时。

4 烤至用牙签能轻松插入即可。

小贴士

有的柴火炉自带烤箱，如果没有烤箱，用锡纸包好后，直接放在炉子上烤也可以，其间要记得多翻面，烤至均匀熟透即可。

糖煮甘栗

材料

甘栗 200克
冰糖 20克

炊具

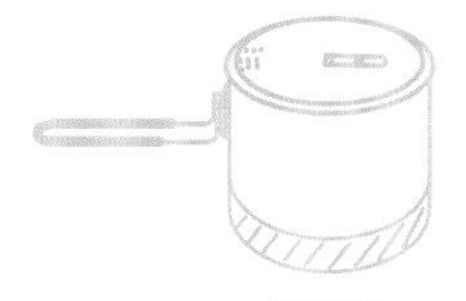

聚能锅

小贴士

甘栗可以选择剥好皮的，这样可以简化步骤，煮好的甘栗一定要在糖水中浸泡足够时间，时间越长越入味。

步骤

1 甘栗去皮备用。
2 锅中放入甘栗，添水至刚好没过甘栗。
3 放入冰糖小火加热。
4 煮30分钟关火，放凉即可食用。

橙子红茶

材料

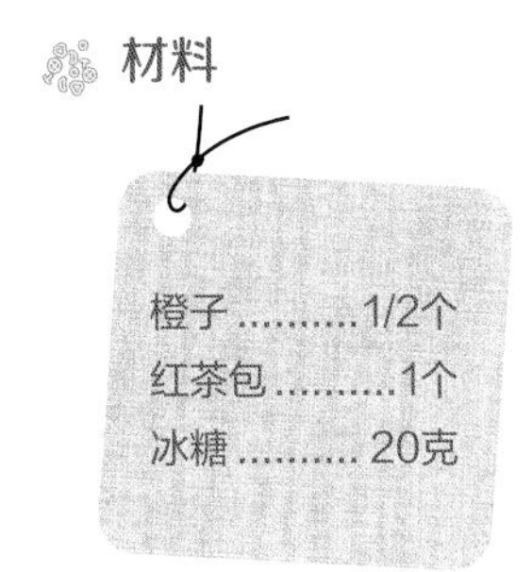

橙子 1/2个
红茶包 1个
冰糖 20克

步骤

1 橙子洗干净，切成大片备用。

2 把橙子片、红茶包和冰糖放入锅中，倒入2大杯水开始熬煮。

3 煮至橙子片和红茶完全融合即可关火。

4 最后把橙子片和茶水倒入杯子中即可。

炊具

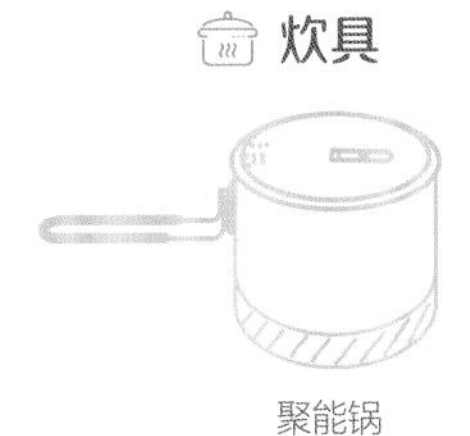

聚能锅

小贴士

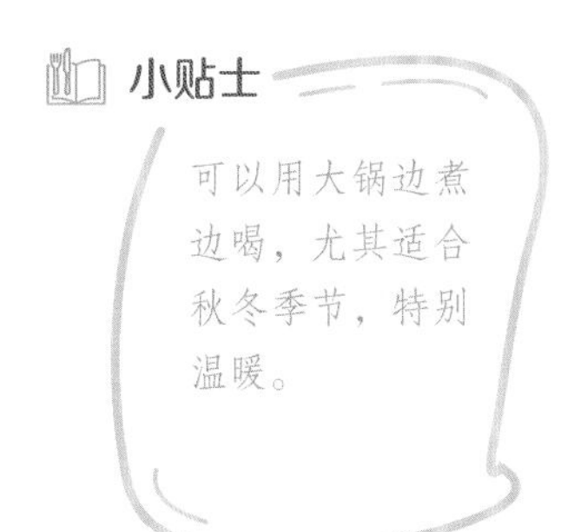

可以用大锅边煮边喝，尤其适合秋冬季节，特别温暖。

喝杯热的，很有必要！

Chapter

5

冬日暖阳去露营

适合冬季的露营装备

大功率电灯
金字塔帐篷
Demoiselle Crane
羊毛毯子
羽绒睡袋
高山气罐灯
行军床
充气羽绒枕头
HKCAMP
DUPONT
自充气奶酪垫

帐篷：金字塔帐篷

起居：充气羽绒枕头，羽绒睡袋，羊毛毯子，行军床，自充气奶酪垫

客厅：IGT活动桌，蝴蝶椅

厨房：有喜锅，聚能锅，烧水壶，雪拉碗，保温水壶，双头灶具（高山气罐），摩卡壶，爱路客围雪炉

照明：大功率电灯，高山气罐灯

取暖：柴火炉

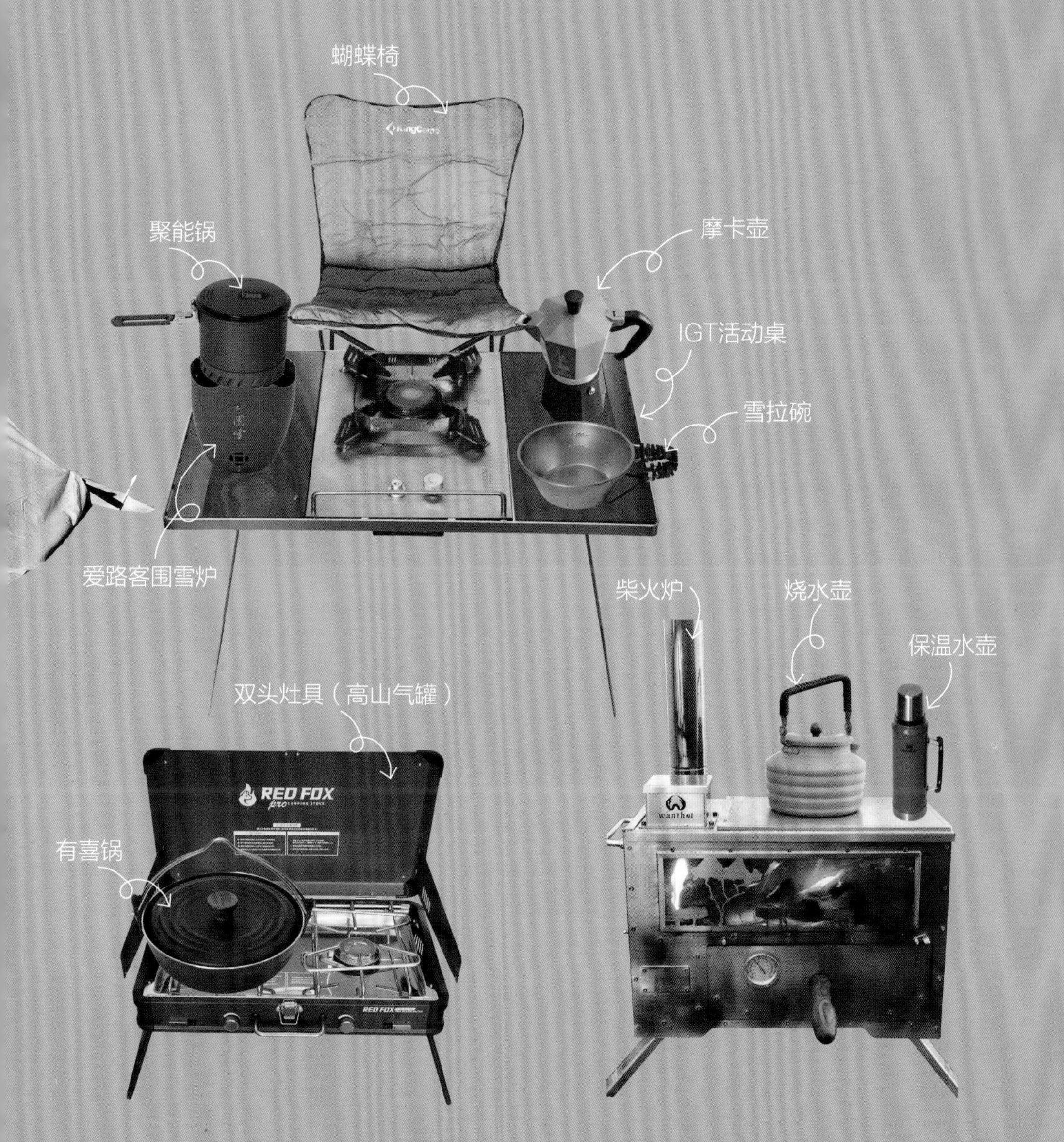

火山肥牛

材料

肥牛片 200克
豆芽 250克
洋葱 1/2个
口蘑 .... 适量
生抽 30克
料酒 20克
蚝油 10克
水 50克
蜂蜜 10克
葱丝 .... 适量

炊具

煎烤盘

步骤

1 洋葱洗净切成丝；把生抽、料酒、蚝油、水和蜂蜜混合均匀，调制成调料汁备用。

2 在烤盘中间先放上豆芽。

3 然后转着圈把肥牛片均匀地铺在豆芽上。

4 外侧铺上洋葱丝和口蘑，肥牛上放葱丝。

5 把煎烤盘放在火上加热，淋入调料汁。

6 加热至肥牛变色即可食用。

小贴士

这道菜中用到的肥牛片最好选用厚切肥牛片，长度在20厘米以上，这样才能完全覆盖住里面的食材。

齐齐哈尔烤牛肉

材料

牛肋条肉 .. 500克
洋葱 1/2个
孜然粉 5克
生抽 10克
蚝油 15克
食用油 15克
小苏打 1克
辣椒粉 10克
盐 5克
香菜末 .... 适量

炊具

煎烤盘

步骤

1 把牛肋条肉切成薄片；洋葱洗净切丝备用。

2 牛肉片中加入洋葱丝、孜然粉、生抽、蚝油、小苏打、辣椒粉、盐和5克食用油腌制30分钟。

3 煎烤盘放入剩下的食用油，烧热后放入腌制好的牛肉片煎至断生。

4 最后撒上香菜末即可食用。

小贴士

这个腌制牛肉的方法也同样适用于其他肉类，比如羊肉、猪肉和鸡肉。

红烧牛尾

材料

牛尾……500克
土豆……2个
胡萝卜……1个
生抽……15克
老抽……15克
蚝油……20克
料酒……30克
白糖……10克
花椒……5克
八角……3个
干辣椒……3个
葱段……适量
姜片……适量
大蒜……适量
食用油……适量
盐……3克

炊具

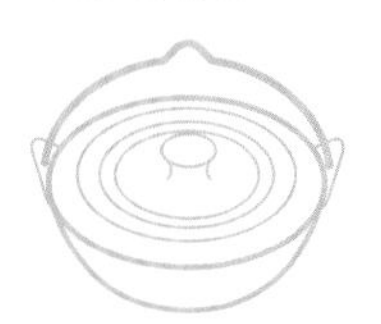

有喜锅

步骤

1 土豆、胡萝卜洗净后切块；在清水中倒入一半的料酒，放入切好的牛尾浸泡1小时，取出洗净备用。

2 锅中放食用油，加入牛尾煎至两面金黄。

3 放入生抽、老抽、蚝油、料酒、白糖、花椒、八角、干辣椒、葱段、姜片和大蒜炒香。

4 加热水，盖上盖子炖1小时。

5 放入土豆块和胡萝卜块继续炖20分钟。

6 最后炖至汤汁浓稠，然后加盐调味即可。

小贴士

红烧牛尾这道菜制作时间比较长，可以在家炖好放凉后，放在保鲜袋中冰箱冷藏保存。带到营地后，直接再加一点水加热即可，味道也非常不错。

羊杂汤

材料

羊杂……250克
葱末……适量
香菜末……适量
姜片……适量
食用油……适量
盐……3克
胡椒粉……1克

炊具

雪峰钛锅

步骤

1 羊杂放入开水中浸泡10分钟，取出备用。

2 锅中放食用油，加入姜片和羊杂翻炒一下。

3 倒入热水煮开，加入盐，胡椒粉调味。

4 最后加入葱末和香菜末即可食用。

小贴士

羊杂一定要焯水去除杂质方可进行料理，也可以网购现成的羊杂汤。

新疆烤羊排

材料

羊排 4个
亚克西调料 200克
鸡蛋 1个
水 20克
洋葱碎 .... 适量
食用油 .... 适量
锡纸 .... 适量

炊具

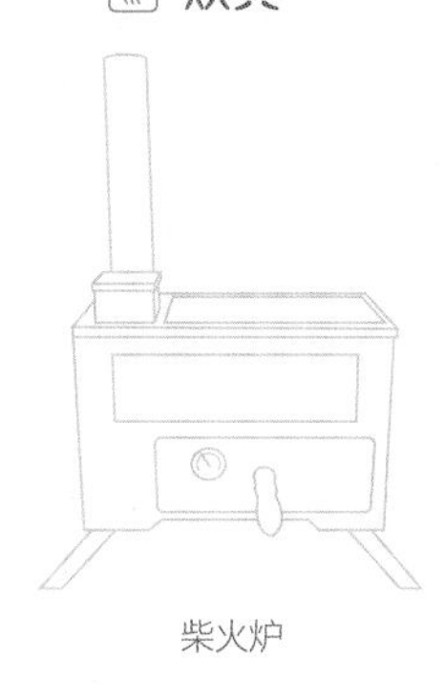

柴火炉

步骤

1 把亚克西调料、鸡蛋、水和洋葱碎混合均匀，调制成腌料备用。

2 把羊排放入腌料中腌制30分钟以上。

3 柴火炉烤盘铺上锡纸，淋上食用油，放入腌制好的羊排。

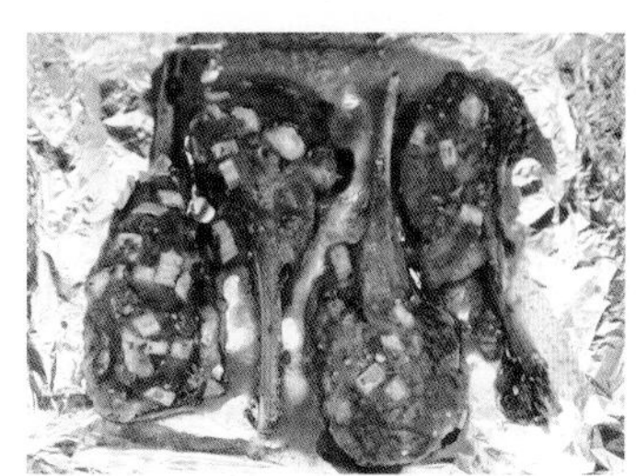

4 柴火炉200℃烤20分钟即可。

小贴士

这道菜的腌料适用于很多肉类的烤制，羊肉、牛肉和猪肉都可以用这种方法腌制好再进行烧烤。柴火炉是冬季露营的标配，既能取暖又能烹饪，一物两用。

韩式烤肉火锅

材料

牛肉卷 250克
粉丝 100克
大白菜 250克
香菇 50克
洋葱 50克
生抽 30克
盐 3克
大葱粉 3克
大蒜粉 3克
胡椒粉 1克
香油 10克
白糖 50克
葱末 .... 适量
白芝麻 .... 适量
食用油 .... 适量

炊具

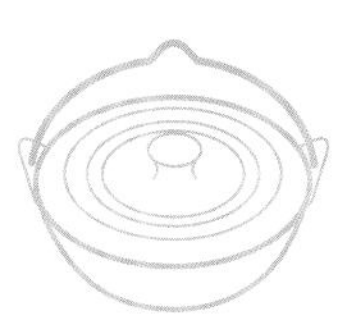

有喜锅

步骤

1 牛肉卷中加入10克生抽、1克盐、大葱粉、大蒜粉、胡椒粉和香油腌制20分钟。

2 粉丝提前放在水中浸泡30分钟；大白菜洗净后切片；香菇切片；洋葱切丝备用。

3 锅中放食用油，加入牛肉卷炒至变色后取出备用。

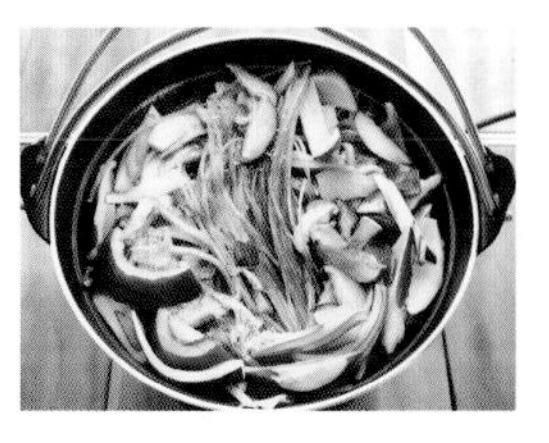

4 炖锅中放大白菜片铺底，再放入洋葱丝、香菇片、粉丝和葱末。

5 加水后放入白糖、生抽和盐煮开。

6 最后把炒熟的牛肉卷放在上面，撒上白芝麻即可。

小贴士

这道菜的锅具可以选择爱路客的有喜锅，半圆形的锅体特别适合炖煮类料理，用寿喜锅也可以。

烟熏烤肠

材料

香肠............4个
苹果木屑.....适量
白糖............5克
锡纸............适量

炊具

铝制饭盒

小贴士

用铝制饭盒进行熏制时，一定要记得小火加热和铺上锡纸，有持续的烟冒出就可以关火，在饭盒中闷一会儿即可。

步骤

1 铝制饭盒底部铺上锡纸，放上烤网。
2 锡纸上放苹果木屑和白糖。
3 把香肠放在烤网上面，盖上盖子。
4 放在火上，小火加热15分钟，加热至香肠变成金黄色即可。

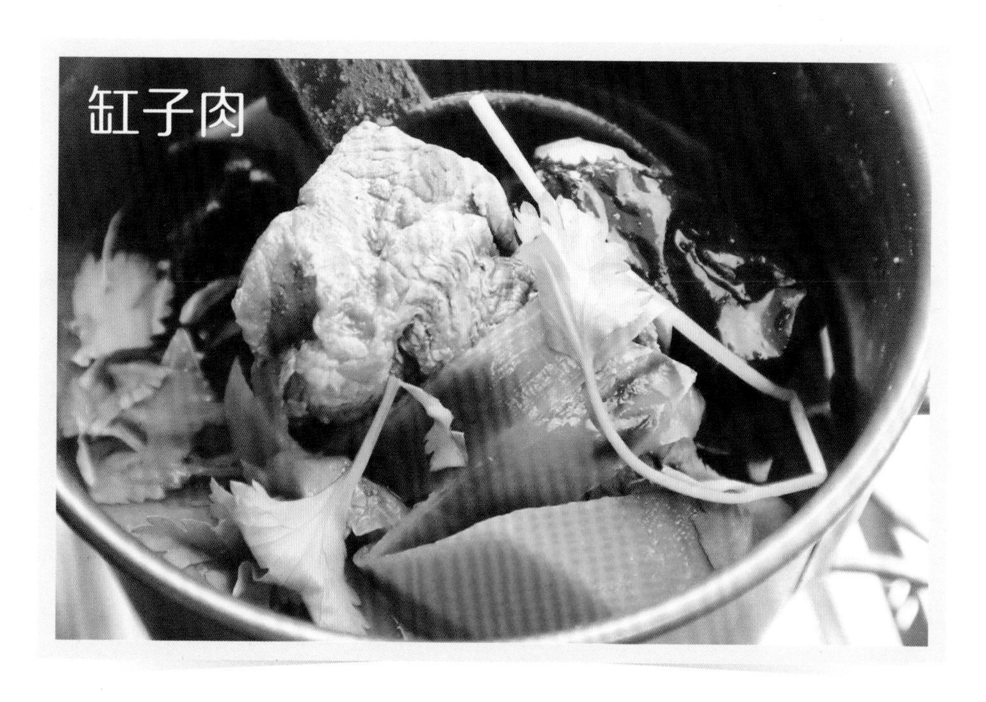

缸子肉

步骤

1 胡萝卜洗净后切块；洋葱洗净后切丝备用。

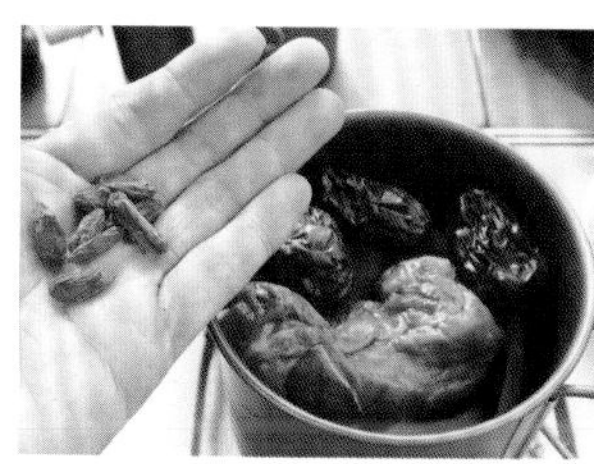

2 把羊肉、胡萝卜块、洋葱丝、大枣和枸杞子放入缸子里，加适量清水煮开。

3 小火慢炖1小时。

4 最后放盐调味，撒上香菜末即可食用。

材料

羊肉……100克
胡萝卜……1/2个
洋葱……1/4个
盐……2克
大枣……3个
枸杞子……适量
香菜末……适量

小贴士

制作这道菜可以用瓦斯炉，冬季还可以直接放在柴火炉上小火慢炖，味道更好。

椰子鸡

材料

- 文昌鸡 1/2只
- 椰子水 200克
- 椰肉 200克
- 大枣 5个
- 蘑菇 5个
- 盐 2克
- 沙姜末 .... 适量
- 蒜末 .... 适量
- 青柠 3个
- 小米椒 3个
- 生抽 40克

炊具

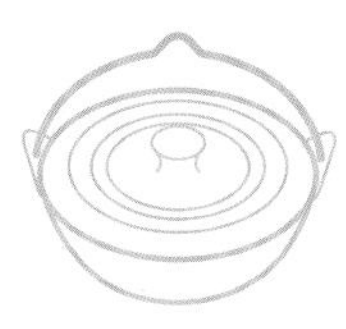

有喜锅

步骤

1 青柠洗净后对半切开。把沙姜末、蒜末、青柠、小米椒和生抽混合均匀，调制成蘸料备用。

2 按照2:1的比例在锅中倒入椰子水和水，放入椰肉煮开。

3 然后放入大枣、蘑菇和盐煮开。

4 文昌鸡洗净后切成小块，下锅大火煮10分钟左右，即可蘸蘸料食用。

小贴士

文昌鸡不宜长时间炖制，煮10分钟即可食用，长时间炖煮会使得鸡肉发紧发柴，失去原有的风味。

风味番茄炖鸡

材料

小鸡腿……8个
番茄罐头……1罐
洋葱……1/2个
盐……4克
料酒……20克
黑胡椒碎……1克
红甜椒粉……3克
食用油……适量

炊具

麦饭石不粘锅

步骤

1 洋葱洗净后切丝；小鸡腿加1克盐、料酒和黑胡椒碎腌制30分钟。

2 锅中放食用油，放入腌好的小鸡腿，煎至金黄色。

3 然后倒入番茄罐头，加适量清水煮开。

4 待汤汁浓稠后，加入洋葱丝、红甜椒粉和盐调味即可。

小贴士

直接选择番茄罐头，省去了鲜番茄切丁的步骤，这样操作起来更方便，也更容易入味。

芝士脆皮鸡

材料

鸡腿 4个
马苏里拉芝士碎 300克
料酒 15克
生抽 15克
盐 2克
淀粉 10克
黑胡椒碎 1克
葱段 .... 适量
姜片 .... 适量
白芝麻 .... 适量
食用油 .... 适量

炊具

铸铁锅

步骤

1 鸡腿去骨、切成大块备用。

2 把料酒、生抽、盐、淀粉、黑胡椒碎、葱段和姜片碎混合均匀，调制成腌料，放入鸡块腌制30分钟。

3 铸铁锅放食用油，加入腌好的鸡块煎至金黄色。

4 放入马苏里拉芝士碎，加热至芝士融化。

5 用喷枪把芝士表面加热至金黄色。

6 最后撒上白芝麻即可食用。

小贴士

这道菜最好使用铸铁锅煎，铸铁锅的蓄能比较好，能快速将鸡肉表皮煎至金黄色，锁住鸡肉本身的水分，吃起来口感更好。如果没有喷枪，第5步也可以省略。

芝士烤南瓜

材料

贝贝南瓜.......1个
鸡蛋............1个
玉米淀粉.....10克
白糖............ 5克
牛奶.......... 70克
马苏里拉芝士碎
.... 适量

炊具

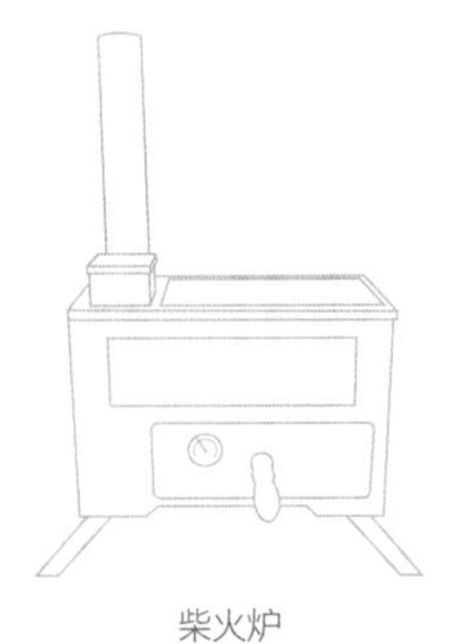

柴火炉

小贴士

想要快速融化表面的芝士碎，也可以用喷枪稍微加热一下，就会很快变成金黄色，这个方法也适用于日常料理。

步骤

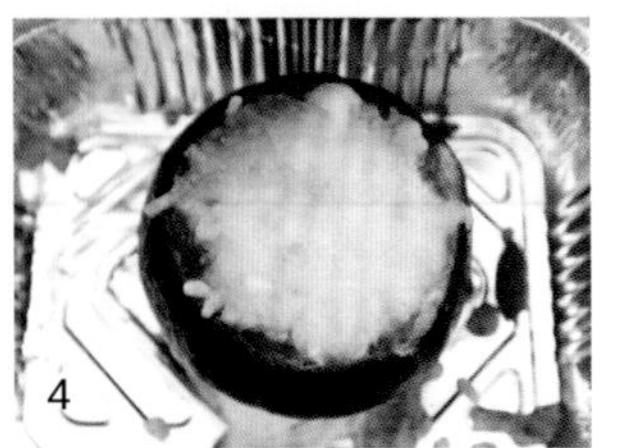

1. 将贝贝南瓜放在锅中蒸20分钟，把蒸好的南瓜顶部切掉、中间挖空。
2. 把鸡蛋、玉米淀粉、白糖和牛奶混合均匀，倒入南瓜里。
3. 上面撒上马苏里拉芝士碎，然后放入柴火炉中200℃烤20分钟。
4. 烤至南瓜表面芝士融化变成金黄色即可。

芝士烤玉米粒

材料

玉米粒 200克
白糖 15克
黄油 20克
马苏里拉芝士碎
...............150克
锡纸盒 .... 适量

步骤

1 玉米粒放在锡纸盒中，加入白糖和黄油。

2 锡纸盒放入柴火炉中200℃烤5分钟，烤至黄油融化。

3 取出锡纸盒撒上马苏里拉芝士碎拌匀。

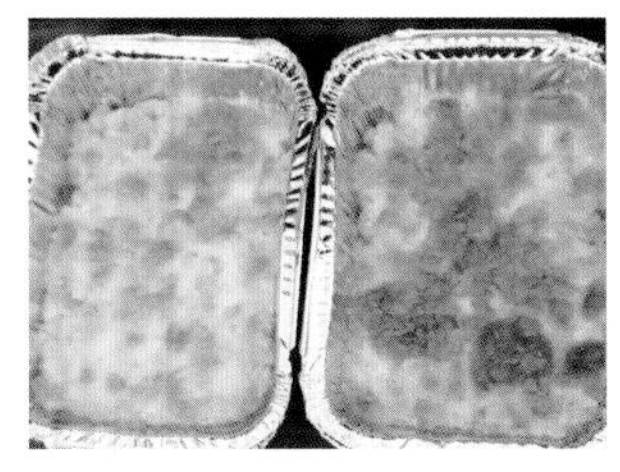

4 放入炉子里200℃继续烤15分钟，烤至表面金黄即可。

炊具

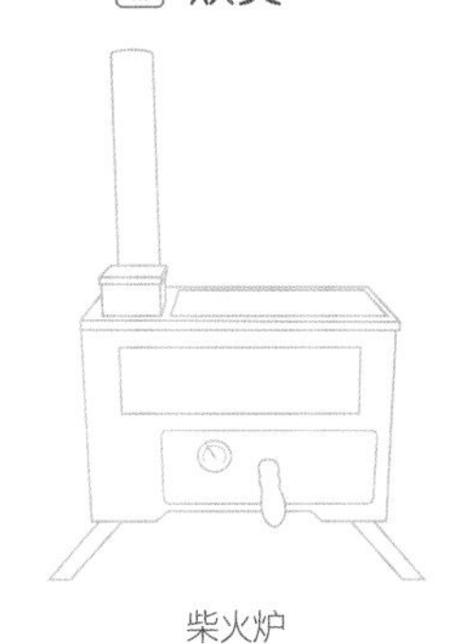

柴火炉

小贴士

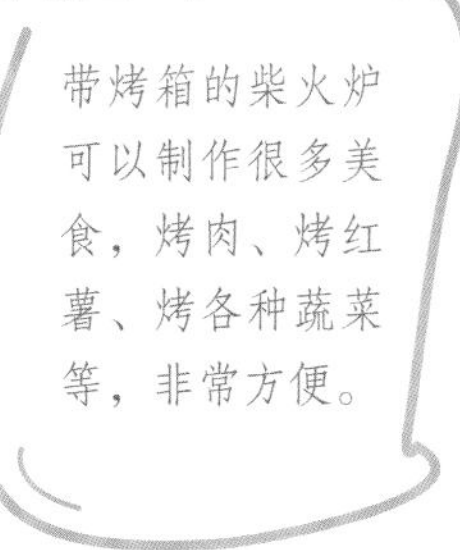

带烤箱的柴火炉可以制作很多美食，烤肉、烤红薯、烤各种蔬菜等，非常方便。

荷兰锅烤土豆

材料

小土豆……3个
黄油……30克
烧烤料……适量
食用油……适量
锡纸盒……适量

步骤

1 小土豆洗净之后用食用油涂抹均匀。

2 荷兰锅里放好烤网，放入盛有小土豆的锡纸盒。

3 盖上盖子，放在火上烤30分钟。

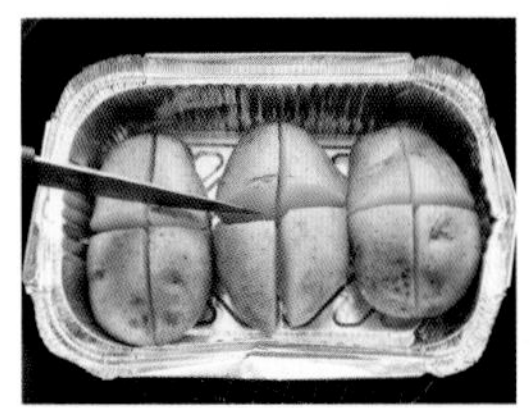

4 用刀在烤好的小土豆中间划十字。

5 在小土豆中间放入黄油，继续加热10分钟至黄油融化。

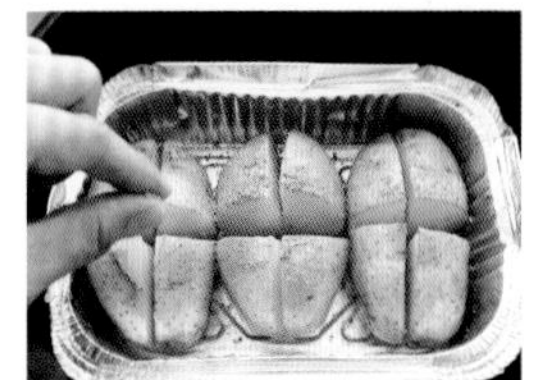

6 最后撒上烧烤料即可。

炊具

荷兰锅

小贴士

不要选择太大的土豆，否则不容易熟透。判断土豆是否全熟，可以用牙签插入土豆中，如果中间没有硬心即熟了。

咖喱肉酱饭

材料

猪肉末 200克
大米 200克
水 220克
洋葱 1/2个
大蒜 3瓣
咖喱粉 10克
牛奶 200克
盐 3克
食用油 .... 适量

炊具

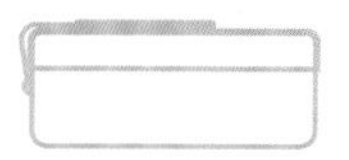
铝制饭盒

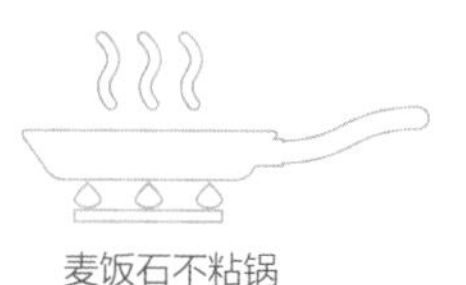
麦饭石不粘锅

步骤

1 大米洗净放入饭盒中加水浸泡30分钟；洋葱、大蒜切碎备用。

2 把饭盒放在火上加热，煮至表面没有水，然后盖上盖子，小火继续加热10分钟，最后关火闷5分钟。

3 锅中放食用油，加入猪肉末炒至变色。

4 放入洋葱碎和蒜末继续翻炒至洋葱变成透明色。

5 加入咖喱粉、牛奶和盐，小火继续煮至汤汁浓稠。

6 最后把煮好的咖喱肉酱倒在米饭上面即可。

小贴士

咖喱肉酱可以提前在家做好，冷藏和冷冻保存都可以。制作的时候放少量水加热即可，保证味道不流失，而且还会更加浓郁。

麻酱酸汤饺子

材料

饺子 15个
芝麻酱 30克
醋 10克
生抽 10克
蚝油 15克
白糖 10克
盐 2克
葱末 10克
蒜末 10克
辣椒粉 5克
白芝麻 .... 适量
食用油 30克

炊具

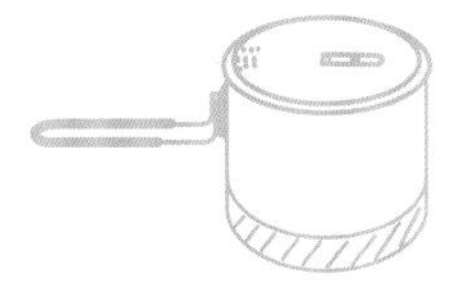

聚能锅

小贴士

冬季盛菜的盘子最好选择保温效果好的材质，能保证食材长时间处于温热状态，比如木质或者可再生材料都是不错的选择。

步骤

1. 把葱末、蒜末、辣椒粉和白芝麻放入碗中，食用油烧热后淋在碗中。
2. 在辣椒油碗中加入芝麻酱、醋、生抽、蚝油、白糖和盐混合均匀，调制成调料汁备用。
3. 饺子放在锅中煮熟。
4. 把煮熟的饺子放在大碗中，淋入调料汁拌匀即可。

饭盒芝士方便面

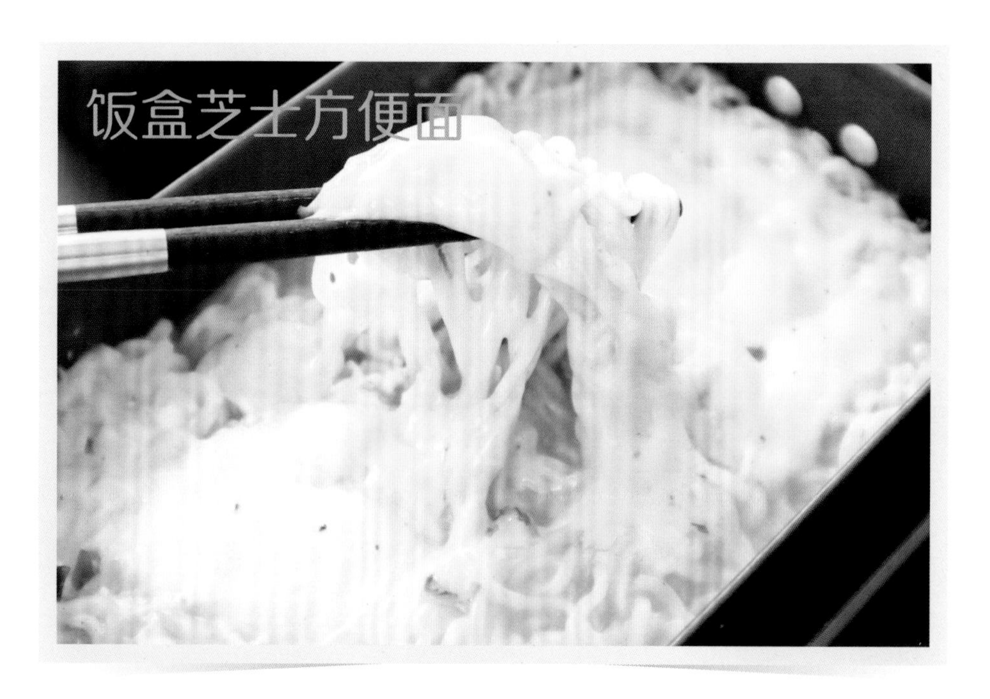

步骤

1 饭盒里放入方便面面饼，加水煮开。

2 煮熟后放入调料包。

3 打入1个鸡蛋。

4 放入2片芝士片，继续加热至芝士片融化即可。

材料

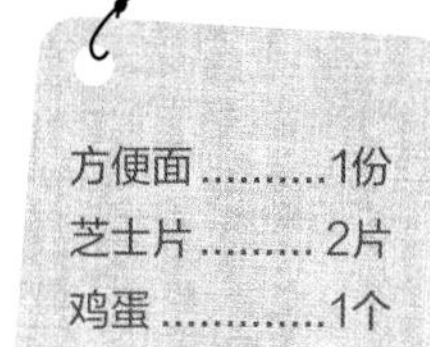

方便面..........1份
芝士片.........2片
鸡蛋.............1个

小贴士

露营过程中，方便面的吃法有很多种，像这道和芝士搭配的方便面就是冬季非常不错的选择，有浓郁的奶香味，还可以补充热量。

香蕉巧克力三明治

材料

吐司片………2片
香蕉…………1根
巧克力酱……适量

炊具

三明治夹

步骤

1 三明治夹上放入1片吐司片。

2 将香蕉切成片，放在吐司片上。

3 均匀地淋上巧克力酱。

4 把另1片吐司片盖在上面。

5 把三明治夹扣紧放在火上，每面加热1分钟。

6 加热至吐司表面变成金黄色，切开即可。

小贴士

露营早餐的制作工具离不开三明治夹，这是一个多功能料理器具，可以制作三明治，也可以单独用来煎制食材，有不粘涂层的用来煎蛋也不错。

可可生椰拿铁

材料

咖啡粉........17克
水 200克
可可粉........10克
椰汁 200克

步骤

1 摩卡壶底部放入200克水。

2 把咖啡粉放入摩卡壶中。

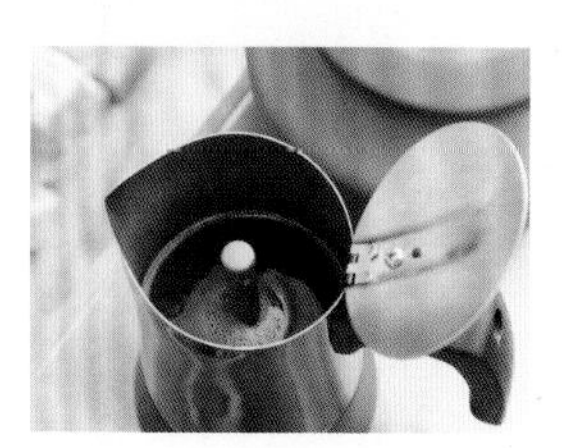

3 把摩卡壶放在炉子上加热至流出咖啡液，制作出1杯浓缩咖啡。

4 把椰汁倒在雪拉碗中，加热至冒泡。

5 把可可粉放入加热后的椰汁中混合均匀。

6 把咖啡液倒入可可椰汁中即可。

炊具

摩卡壶

小贴士

可可粉在冬季露营中能提供非常高的能量，是饮品中不可或缺的存在。可以单独饮用，也可以跟咖啡、椰汁搭配出不同的口味。

牛奶红茶

材料

锡兰红茶包.....1袋
热牛奶......100克
白糖...........10克

炊具

雪峰钛锅

小贴士

红茶包的选择以味道浓郁为主，比如锡兰红茶包跟牛奶搭配就非常不错，冬季能快速给身体补充能量。

步骤

1. 水中放入1袋锡兰红茶包，煮开后取出红茶包备用。
2. 杯子中放入100克热牛奶。
3. 热牛奶中加入10克白糖充分混合均匀。
4. 然后把泡好的红茶倒入热牛奶中混合均匀即可。